優羽和程式設計

魔法筆記本

鳥井雪 著　鶴谷香央理 繪　打浪文子 監修

吳嘉芳 譯

O'REILLY®

給本書的讀者

你喜歡電腦嗎？還是你根本沒想過自己喜歡或討厭電腦？不論你喜不喜歡，電腦已經無所不在。除了智慧型手機與遊戲機，就連上學途中的紅綠燈、便利商店的自動門、家裡的空調、甚至是自動掀蓋的馬桶都有電腦存在！

電腦的功能非常強大，善用電腦的力量，你可以讓生活變得更方便，也能幫助遇到困難的人或自己。如果可以進一步發揮電腦的功用，在它的幫助下，也許有一天你能前往外太空。

不過，要與電腦好好互動需要一些小訣竅。

這本書講的是有一位名叫優羽的女孩如何掌握訣竅，與她不熟的電腦建立良好關係的故事。優羽的缺點是「做事不仔細、經常忘東忘西」，但是電腦卻十分擅長記憶及確實完成工作，所以優羽與電腦正好互補。

後來，優羽的身邊出現一本魔法筆記本，教她與電腦互動的訣竅，也就是程式設計的思考方式。現在這本書也來到你身邊，你可能會被施予和優羽一樣的魔法，期待程式設計的樂趣可以拓展你的世界。

程式設計師・鳥井 雪

目錄

HI!

人物介紹

優羽

國小五年級，參加手球社，困擾是常忘東忘西。最近媽媽買了一台電腦給她，希望 minio 可以提醒她別忘記帶東西，可是想得到 minio 的幫助好像需要設計程式…？

魔法筆記本

這是住在隔壁的紗希送給優羽的筆記本，可以幫助優羽設計 minio 的程式。

minio

這是來到優羽身邊幫助她的電腦，一直跟在她的身後，卻完全無法依照優羽的想法執行工作。現在優羽可以使用的功能只有鬧鐘、傳送訊息給朋友、通話、播放音樂。但是只要認真設計程式，似乎能變得非常方便。

紗希

住在優羽隔壁的國中生。紗希自己也有一台minio，紗希的minio具備許多很方便的功能，似乎是透過「魔法筆記本」設計程式的關係？

媽媽

優羽的媽媽，非常忙碌，討厭早起，有時居家上班，有時要進辦公室工作，優羽的健忘症應該是遺傳自媽媽。

惠依

國小五年級，優羽的朋友，手球社的夥伴，個性從容不迫，喜歡看書。

閱讀本書的注意事項

· 書中寫在筆記本格線上的內容，就是「魔法筆記本」中浮現的文字喔！

· 輸入、處理、輸出的對話框代表程式的基本流程（這個部分將在第一章說明，敬請期待）喔！

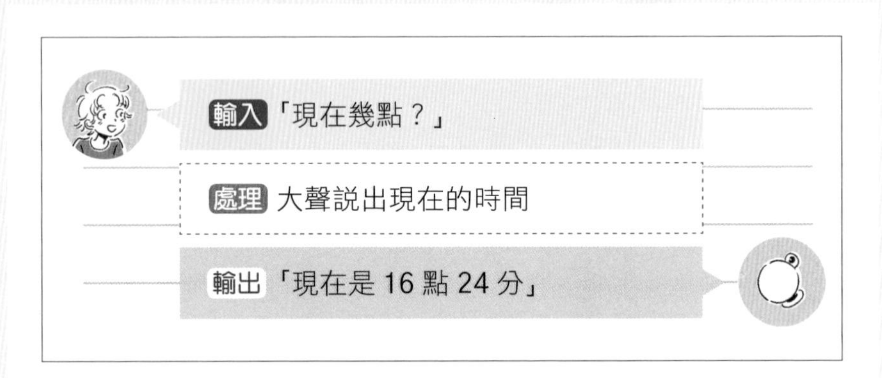

· 虛線框內的部分就是程式喔！

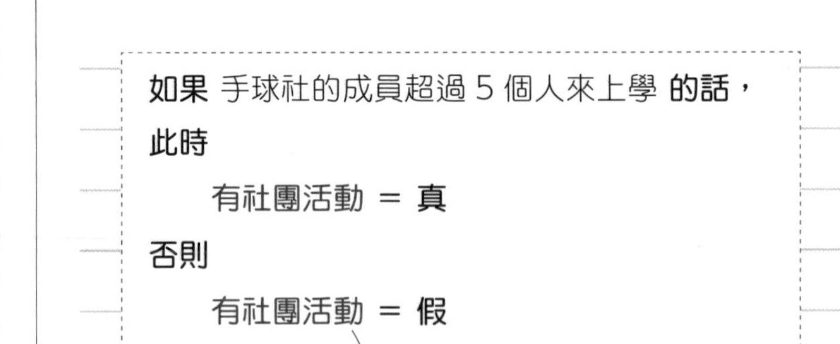

綠色文字代表「變數」喔（變數出現在第二章）！

本書是用中文模擬命令電腦的特殊語言（程式設計語言）來表示程式喔！

序章

程式設計魔法筆記本

▶ minio 沒有什麼用處

優羽今天不到 7 點就起床了，這天是一個晴朗的七月早晨。

優羽已經十歲又三天，滿十歲之後，只有一件事變得不一樣，那就是生日當天，媽媽特地買了一台電腦 minio 給優羽。從那天起，minio 就漂浮在空中，跟在優羽的後面。

媽媽早上經常爬不起來，所以優羽總是獨自一人吃早餐。

今天的早餐是媽媽前一天先準備好的吐司、培根和沙拉。優羽吃完早餐，準備去上學，她把學校用的平板電腦、觸控筆與便當袋放入書包裡。

雖然時間還早，但優羽還是出門了。當她背起書包走向玄關，minio 從後面追了過來。

優羽在玄關穿鞋時，突然擔心起來。因為她想今天可能需要用到繪畫工具，於是她向 minio 說道。

「minio，今天要攜帶什麼物品？」

「我無法回答妳的問題，我不懂這個問題的意思。」

「什麼～」

優羽覺得很失望。

minio 根本沒有照優羽的命令採取行動。

（隔壁的紗希姐使用她的 minio 時，明明很方便又很酷啊！）

升上國小四年級之後，大家都會得到一台屬於自己的 minio，優羽也期盼很久。

但是實際使用之後，優羽的 minio 卻沒有想像中方便。

隔壁紗希姐的 minio 看起來很方便。例如，它可以提醒要攜帶什麼物品，還會說明今天的安排。

優羽希望自己的 minio 也能像紗希的 minio 一樣好用。

因為**優羽對自己忘東忘西的毛病非常苦惱！**

可是優羽的 minio 不會告訴她要不要帶繪畫工具，還得自己另外查詢。

優羽放下書包，從裡面拿出學校給的平板電腦。學校的通知全都放在這台平板電腦的聯絡簿 App 裡。

（媽媽明明說過已經把 minio 設定好，可以讀取平板電腦的內容啊！既然能讀取，就告訴我要帶什麼東西不就好了。）

優羽打開平板電腦上的聯絡簿 App，看了一下學校通知的攜帶物品清單。今天要帶繪畫工具，好險！

優羽脫下鞋子，回去拿繪畫工具。

話說回來，優羽早上起床時，有想到要檢查今天的攜帶物品，可是拿起平板電腦，打開聯絡簿 App 有點麻煩，所以先放著不管，後來就忘記了。

優羽總是這樣，認為非做不可，或必須記得的事馬上就忘得一乾二淨。

學校的老師也曾對她說「要努力別忘東忘西喔！」

（即使叫我努力，我也不曉得該從何做起啊！
如果 minio 聽到我的命令，可以立刻告訴我今天要帶什麼東西就好了。）

優羽拿著繪畫工具，重新穿好鞋子。

「我去上學囉！」

她大聲告訴仍在房內睡覺的媽媽並走出玄關，minio 跟了上去。

外面七月的陽光灑在行道樹的葉子上。

▶ 鄰居紗希與她的 minio

走在路上，立刻就遇到熟人。

（啊，是紗希姐！）

她是住在隔壁、大優羽三歲的紗希，可能因為今天早起才碰到她，優羽非常開心。

穿著國中制服的紗希看起來比一起上小學時成熟多了，她的 minio 就跟在旁邊。

紗希沒有注意到優羽，對著自己的 minio 説道。

「minio 今天有什麼應帶物品？」

紗希的 minio 立刻回答。

「今天的應帶物品是笛子」

「太好了，幸好沒忘記。」

優羽驚訝地站在原地。

（紗希姐的 minio 果然跟我的不一樣！）

紗希注意到優羽便對她說。

「優羽，早安！很久沒在早上碰到妳了。」

「嗯……」

優羽無精打采地點頭，因為她很驚訝自己的 minio 跟紗希的完全不一樣。

優羽拖著沉重的步伐跟著紗希一起走著。

紗希的視線停在優羽身旁的 minio。

「優羽，妳也買了 minio 啊！」

「嗯，媽媽太慢買給我，大家早就有了。」

「妳已經和它變成好朋友了嗎？」

被紗希一問，優羽忍不住露出愁眉苦臉的表情。

「沒有，這台 minio 不曉得是不是壞了，它不像紗希姐的 minio 什麼問題都會回答。」

「嗯，原來是這樣啊！妳**設計程式**了嗎？」

「設計程式？」

話說回來，優羽想起自己並沒有仔細看過 minio 附的說明影片。她發現，影片裡確實有提到設計程式之類的內容。

雖然媽媽也有解釋，但是優羽第一次操作 minio 太專心，根本沒有仔細聽。

紗希看了自己的 minio 一眼，笑著說道。

「我一開始也是這麼想，結果 minio 完全不聽話！」

「咦，是這樣嗎？」

「是啊！不過設計程式之後，就和它變成好朋友了。」

優羽想起剛才紗希和她的 minio 互動的情況。紗希的 minio 毫不遲疑地回答了她的問題，感覺互動良好，這難道是程式設計的關係嗎？

「一定要設計程式才行嗎？」

優羽在學校也學過程式設計，但是她並不擅長。移動角色或製作遊戲很有趣，可是一旦出錯，就無法執行，而且有時程式很難寫。**她不瞭解為什麼非設計程式不可**。

紗希露出沉思的表情，接著她靠近優羽的耳朵偷偷地說道。

「我跟妳說，送妳一樣好東西，**魔法筆記本**。」

「魔法！？」

「使用這本筆記本裡的魔法，就能跟 minio 變成好朋友喔！」

紗希露出燦爛的笑容。

「這本筆記本也是別人給我的，我已經和 minio 變成好朋友，所以不需要它了。放學回家後，我就把它放進優羽家的信箱喔！」

優羽和紗希走到國小與國中的分岔路口。

「再見！」紗希揮了揮手。行道樹的葉子陰影與陽光在紗希的制服上形成了斑駁的光影。

所謂的魔法究竟是怎麼一回事？

優羽一邊思考一邊茫然地揮手道別。

▶ 魔法筆記本　第一頁

這一天，優羽在學校一直坐立難安。

一下課就立刻飛奔回家。由於速度很快，使得跟在後面的 minio 也稍微加快了腳步。

她看了信箱之後，發現裡面放著一個平板電腦大小的信封袋，上面有紗希的字，寫著「優羽收」。

優羽從信箱取出信封袋，放入書包裡，接著背著書包走進家中。不曉得為什麼，她覺得不要告訴媽媽比較好。

此時，客廳傳來媽媽的聲音。

「優羽，妳回來啦！有草莓喔！妳要吃嗎？」

「我回來了，我等一下吃！」

優羽最愛吃草莓了，平常的她一定會立刻過去吃。

但是今天優羽卻跑回自己的房內，把門鎖上。

她在書桌上打開信封袋，緊張地拿出裡面的東西。

這是一本綠色封面、紙張精美的筆記本。

優羽不管在學校或家裡都是使用平板電腦與觸控筆，至於紙製筆記本，她只見過比她大很多歲的人使用。

紗希說她用過這本筆記本，可是筆記本上既沒有髒污也沒有摺痕，看起來就像新的一樣。

（說是魔法筆記本，裡面究竟寫了什麼？）

優羽滿心期待地打開封面，卻覺得奇怪，因為筆記本的第一頁什麼都沒寫。

可能在下一頁吧！優羽翻到下一頁，結果仍是一個字都沒有，她翻來翻去，發現整本筆記本都是空白的。

（紗希應該把錯的筆記本放進信箱了吧！）

就在這個時候，筆記本開始自動翻了起來。

優羽嚇了一跳，放開手中的筆記本。筆記本就算離開優羽的手上仍持續翻頁，直到回到第一頁才停了下來。

接著在空白的頁面上逐漸浮現出文字。

> 新主人妳好！

「你，你好！」

優羽下意識地回話之後，筆記本似乎很高興而發出微光。

筆記本上浮現出接下來的文字。

> 我是有魔法的程式設計筆記本。
> 從現在開始，我會幫妳熟悉妳的電腦。
> 妳的電腦叫什麼名字呢？

這代表我可以和筆記本說話嗎？

優羽忐忑不安地回答。

「minio…」

優羽講完之後，出現了以下的內容。

minio 啊！ OK。

那麼，歡迎妳來到程式設計的魔法世界！

妳是什麼樣的人？喜歡電腦嗎？程式設計呢？不管妳是哪種人都沒關係。

只要使用這本筆記本的魔法，一定可以和 minio 變成好朋友的。

以下是這本筆記本的用法：

1. 找出妳想和 minio 一起做的事。

2. 打開筆記本新的一頁。

3. 大聲說出妳想做的事。

4. 使用寫在筆記本上的魔法設計程式。

聽起來很有趣吧？

「嗯…」

浮現文字的魔法雖然很神奇，但是優羽似乎不覺得有趣。

因為她知道，告訴你「很有趣喔！」的練習大多都很困難或非常麻煩。

（它一定會說「在開始之前，要先記住這些重點」之類的，然後列出一大堆很難懂的用語…。）

因此，當浮現出接下來的文字時，優羽一臉不情願的樣子。

不過，顯示出來的內容和優羽想的不一樣。

從現在開始，妳要設計給 minio 的程式，這本筆記本的魔法會幫助妳完成這項工作喔！
在開始之前，有一些事情想讓妳知道。
電腦是人類創造出來幫助人類的物品。
所以妳的電腦 minio 正在等著妳下命令，它會聽從妳的指示，幫助妳完成工作。
這裡的命令就是指透過設計所寫出來的程式。

程式設計可以讓妳和 minio 變成好朋友！

妳可能覺得程式設計很困難，也可能犯很多錯誤。
但是錯了也沒關係。
無論妳犯了多少錯，任何一台電腦都不會生氣，不管重來多少次，也不會不耐煩。
不論錯了多少次，都請重新嘗試。
每次犯錯時，妳會更瞭解 minio，與它成為好朋友。

電腦不會生氣。
設計程式可以不斷重來。

這就是第一個魔法喔！

來，試著說出妳想讓 minio 做什麼。

看完這些內容後，優羽不再露出不情願的表情。

優羽看了 minio 一眼，minio 上的攝影鏡頭正在拍攝優羽。

（設計程式可以和 minio 變成好朋友？就像紗希和她的 minio 一樣？）

優羽「嗯」了一聲，手臂交叉，重新面向書桌，而那一本魔法筆記本就放在桌上。

優羽一直很想擁有一台 minio，她當然希望能和 minio 變成好朋友。如果 minio 可以改善優羽的健忘毛病該有多好！

優羽打開筆記本新的一頁。

她有事情想讓 minio 做，只要設計程式，或許就能做到。

而且這本筆記本說可以協助她完成設計。

（或許我可以試著設計程式！）

優羽深吸了一口氣，小聲卻清楚地說道。

「我要 minio 做的第一件事是…

當我詢問今天要攜帶什麼物品時，可以回答我！」

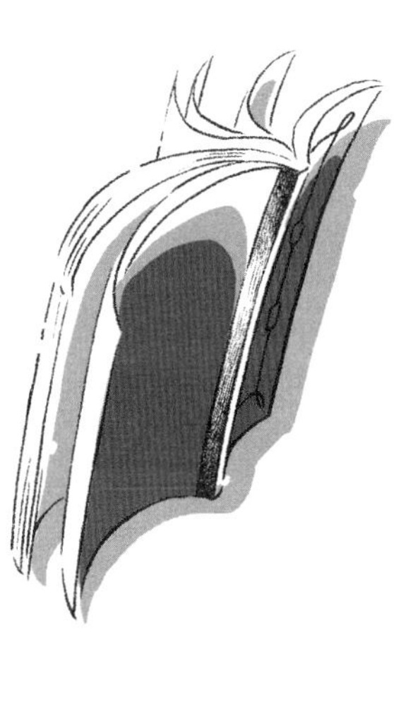

第一章

第一個魔法

本章的關鍵字

輸入、處理、輸出

▶ 程式的基本流程

優羽直接了當地向魔法筆記本說出希望 minio 做的事。

「我要 minio 做的第一件事是⋯

當我詢問今天要攜帶什麼物品時，可以回答我！」

筆記本似乎很開心地發出微光，並且在紙上陸續浮現出文字。

想做的事：**當我詢問今天要攜帶什麼物品時，可以回答我！**

對吧？

說出希望 minio 做的事情後，接下來試著**設計程式**吧！
設計程式就是編寫程式。
程式是讓你的電腦 minio 按照要求執行工作的命令喔！你可以利用這些命令驅動 minio。

因此，以 minio 可以瞭解的形式下達命令就很重要。
首先，我們要思考**程式的基本流程**。那就是

輸入、處理、輸出

「輸入、…處理、輸出？」

聽到陌生的名詞讓優羽抿起嘴。

輸入、處理、輸出是執行程式的流程喔！

程式必須考慮到**輸入**、**處理**、**輸出**。

內容分別如下。

輸入（電腦開始執行程式時需要的資料）

處理（利用電腦的能力所做的事）

輸出（想要的結果）

「咦，需要的資料……？利用電腦的能力，究竟是怎麼一回事？」

我會實際操作 minio 來說明。

妳可以問問 minio 現在是幾點嗎？

優羽看了筆記本上的文字後，抬頭看著 minio。

問了時間就會回答是 minio 原本就具備的功能。

「minio，現在幾點？」

「16 點 24 分」

現在執行的是內建在 minio 的程式。

輸入「現在幾點？」

處理（使用電腦的能力所執行的事）

輸出「16 點 24 分」

輸入就是妳問 minio「現在幾點？」的聲音。

minio 聽到之後，它會取得執行程式所需的資料，也就是「執行回答時間的程式」。

接著，妳知道在**處理**階段 minio 做了什麼嗎？

優羽發現自己可以理解這個問題。

「這個嘛！ **minio 會把自己內部的時間唸出來？**」

沒錯！最重要的處理就是這個，所以輸入→處理→輸出的流程是以下這樣：

輸入「現在幾點？」

處理 大聲唸出現在的時間

輸出「16 點 24 分」

輸出是 minio 告訴妳現在時間的聲音。

當妳想知道時間時，告訴妳現在幾點的聲音就是妳**想要的結果**。

輸入（電腦開始執行程式時需要的資料）

處理（利用電腦的能力所做的事）

輸出（想要的結果）

執行程式是指取得輸入需要的資料，輸出想要的結果。

利用電腦的能力來產生妳想要的結果。

因此設計程式時，第一步就是思考輸入、處理、輸出的流程喔！

優羽點點頭，恍然大悟。

大致瞭解了輸入、處理、輸出的概念。

從輸入與輸出開始思考

那麼，重新回到妳想做的事情上。

想做的事：**當我詢問今天要攜帶什麼物品時，可以回答我！**

一開始先試著思考輸入與輸出。

處理的部分可以之後再考慮。

優羽想起今天早上在玄關詢問 minio 今天要帶什麼東西，minio 卻沒有回答的情景。

當時，優羽問 minio「今天要帶什麼東西？」

如果「現在幾點？」代表輸入，那麼「今天要攜帶什麼物品？」也是一種輸入。

今天早上優羽希望 minio 回答自己的問題。

換句話說，這就是輸出，而且筆記本已經顯示

輸出 （想要的結果）

因此輸出代表想要的結果。

「所以輸入是『今天要攜帶什麼物品？』，輸出是『繪畫工具』？」

沒錯。

輸入 今天要攜帶什麼物品？

處理

輸出 「繪畫工具」

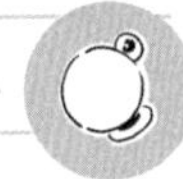

接下來要思考處理的部分了。**處理是指 minio 要做什麼**。

妳用聲音輸入了「今天要攜帶什麼物品？」對吧！

minio 要做什麼才會回答「繪畫工具」?

妳必須告訴 minio 才行。

妳也可以想成

當妳被問到「今天要攜帶什麼物品？」時，妳會怎麼做？

優羽重新回想早上的情況，當時她做了⋯。

假設「今天要帶繪畫工具嗎？」被問的人是優羽呢⋯？

「我會拿出平板電腦，看一下聯絡簿 App 上今天的攜帶物品清單。」

筆記本上的輸入→處理→輸出圖變成以下這樣。

優羽認為這樣應該很合理。

不過此時筆記本的邊緣卻發出紅光，光線閃呀閃的，讓人感覺不安，無法平靜下來。

接著筆記本上浮現出文字。

剛才妳在輸出寫上了「繪畫工具」對吧！
妳的意思是，就算今天的攜帶物品寫著「笛子」，還是希望 minio 回答「繪畫工具」嗎？

「什麼，不是啊！」

優羽驚訝地回答。

「這種時候我當然希望它回答『笛子』啊！
啊，這樣的話，**在輸出寫上『繪畫工具』就很奇怪了。輸出可能是『繪畫工具』或『笛子』…**」

沒錯。
所以輸出的部分要稍微修改一下。
當妳被問到「今天要攜帶什麼物品？」時，妳會怎麼做？妳會回答對方什麼？

優羽思考著。

如果想知道今天要攜帶的物品，就得開啟聯絡簿 App，檢視今天的攜帶物品清單。假如被別人詢問「今天要攜帶什麼物品？」，應該會大聲唸出內容，這裡的聲音就等於回答。

「那麼，如果把輸出改成『用 minio 的聲音唸出今天攜帶物品清單的內容』呢？」

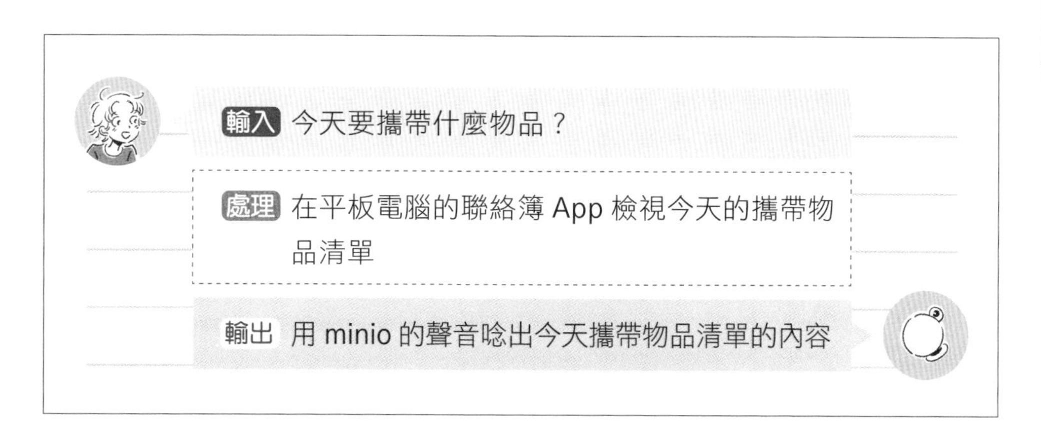

此時，周圍突然暗了下來。

筆記本在黑暗中發光。不僅是筆記本的頁面，就連輸入→處理→輸出圖與筆記本的文字全都在發光。

這道光維持著圖形的形狀，脫離了筆記本，漂浮在空中。

優羽張大嘴巴看著光線開始往 minio 的方向移動，接著被 minio 吸了進去。

整台 minio 也一樣發出藍色微光。

「儲存新程式，這個程式的名稱是什麼？」

minio 突然說話了。

「名稱？」

程式的名稱是什麼意思？
優羽一頭霧水，minio 又
重複說了一次。

「這個程式的名稱是什麼？妳可以依照個人喜好命名。最好選擇容易瞭解程式內容的名稱。」

優羽覺得這就像為畫作或作文下標題一樣。

「那麼就命名為攜帶物品清單……」

「『攜帶物品清單』儲存完畢」

在奇妙的叮咚聲之後，minio 安靜了下來。

四周突然恢復明亮，籠罩在 minio 的光芒也消失不見。

恢復成平常的優羽房間，平常的 minio。

「到底是怎麼一回事？」

優羽有點害怕地偷看了一下。

筆記本已經不再發光，但是上面留下大量的圖文，代表一切不是在作夢。

最後筆記本加上了以下內容：

恭喜妳完成第一次的程式設計。

在妳的努力下，minio 已經能按照妳的吩咐做事了。

如果妳還想做其他事情，請隨時打開我喔！

當優羽看完最後一句時，筆記本就自行合上。

優羽想到了一個確認自己不是在作夢的方法。

她趕快詢問 minio。

「minio，今天要攜帶什麼物品？」

minio 讓中間的燈光閃爍一下，然後回答。

「繪畫工具」

哇！

優羽輕輕拿起筆記本，試著照射房內的燈光，筆記本沒有透光，看起來只是一本普通的筆記本。

（雖然知道紗希姐不會騙我，可是）

「這是真的魔法筆記本耶…」

有了這本筆記本和 minio，未來還能做些什麼呢？

優羽非常期待。

本章重點整理

以下將複習優羽在這一章學到的設計程式思考方法喔！

輸入→處理→輸出

輸入 ：電腦開始執行程式所需要的資料

處理 ：利用電腦的能力所做的事

輸出 ：想要的結果

請試著找出在你身邊，有哪些電腦的輸入→處理→輸出。個人電腦、智慧型手機、對講機、免治馬桶都使用了電腦喔！就連自動販賣機、便利商店的收銀機、自動門也有用到電腦。你可以試著思考處理的部分並寫下來。

（例）使用電腦的地方：自動門

輸入 有某個物體站在門口時

處理 命令它開門

輸出 開門

使用電腦的地方：

輸入

處理

輸出

第二章

優羽的獎勵點數

本章的關鍵字

變數

▶ 令人期待的獎勵點數

早上還不到 7 點，優羽就起床了。

床邊的桌上放著 minio 的充電座，優羽晚上睡覺後到早上起床前，minio 都一直停在充電座。

優羽坐在床上，仔細地看著 minio。

和平常一樣，minio 的螢幕上顯示著「06:50」。

不同的是，桌上放著昨天的綠色筆記本。

優羽深吸一口氣，試著詢問 minio。

「minio，今天要攜帶什麼物品？」

「體育服、笛子」

昨天早上，優羽問了 minio 一樣的問題，它卻回覆「我無法回答妳的問題，我不懂這個問題的意思。」設計程式之後，minio 變得不一樣了。哈哈哈，優羽開心地笑了。

優羽盥洗之後走到客廳，媽媽似乎還沒起床。

今天早上，餐桌上沒有媽媽做的早餐，看樣子昨天晚上媽媽在家工作到很晚。

優羽得意的笑著，覺得真是太好了。

媽媽沒有準備早餐時，優羽會自己烤吐司，拿出優格，煮火腿蛋來吃。

因為如果優羽自己做早餐，可以從媽媽那邊得到「**獎勵點數**」！

獎勵點數是指優羽幫忙做家事時，可以得到點數當作獎勵。例如做早餐、打掃浴室等。

媽媽答應優羽，獎勵點數累積到 50 點之後，就會買她很想要的藍色球鞋給她。

（現在有幾點了啊！47 點？48 點？應該還差幾點就有 50 點了！）

優羽在玄關穿鞋子，準備去上學。當然，她沒有忘記帶 minio 跟她說的體育服和笛子。

此時，一頭亂髮的媽媽從裡面的房間走出來，感覺才剛起床。

「優羽，不好意思，媽媽沒有做早餐…」

「沒關係，我自己煮好了，要記得給我獎勵點數喔！」

「謝謝，現在有幾點了？46 點嗎？」

「嗯，47 點或 48 點吧！」

「是嗎…？」

「對啊！吼，媽媽真的很健忘耶！我要上學了。」

優羽噘起嘴，走出玄關，minio 輕飄飄地跟在後面。

（哼…我得把獎勵點數記清楚，不然就虧大了。）

優羽説媽媽「很健忘」，但是優羽的記性也一樣不好，所以媽媽常說優羽跟自己很像。提到跟媽媽很像的地方，還有字寫得很醜，笨手笨腳…。

優羽嘆了一口氣，低頭看到地面上除了自己的影子，還有跟在後面 minio 的影子。

優羽轉向 minio，拿 minio 出氣。

「吼，如果 minio 能幫忙記住獎勵點數就好了！」

minio 什麼也沒說，只是配合優羽歪頭的方向，也變成傾斜狀態。

優羽的第二個程式

放學回家的路上，優羽重新計算了獎勵點數。

她記得星期六因為點數累積到 45 點而十分開心。之後還幫忙打掃了浴室，收拾晚餐的碗盤，加上今天早上的早餐，應該是 48 點！等媽媽下班回家，一定要跟她說點數的事情。

優羽回到自己的房間，把書包丟在一旁。

突然，她的目光停在桌上的綠色筆記本上。

（昨天的魔法真厲害。）

利用筆記本教的程式設計方法，minio 答出今天要攜帶的物品，簡直就跟紗希的 minio 一樣。

說不定設計程式之後，優羽的 minio 也可以幫忙記住獎勵點數？

（可是，靠我自己能完成和昨天一樣的操作嗎？）

優羽下意識地摸著筆記本的封面。

突然之間，筆記本自動打開了！

「哇！」

優羽嚇得把手抽走，屏住呼吸，眼前的筆記本打開停在其中一頁，那是筆記本的第一頁。

翻開的頁面上寫著以下內容。

以下是這本筆記本的用法：

1. 找出妳想和 minio 一起做的事。
2. 打開筆記本新的一頁。
3. 大聲說出妳想做的事。
4. 使用寫在筆記本上的魔法設計程式。

（這是指可以試著設計程式嗎？）

現在，優羽很清楚自己想做的事，就是希望正確記住獎勵點數。

的確，minio 是一台電腦，應該很擅長計算數量。

優羽翻開新的一頁，小心翼翼地說道。

「我希望 minio 能計算獎勵點數，可以嗎？」

筆記本瞬間發出喜悅的光芒。

用程式計算點數！

謝謝妳呼喚我！妳是不是有點喜歡上程式設計了呢？

今天妳想做的是以下這件事吧？

想做的事：希望計算獎勵點數

開始來設計新的程式吧！

請想一下昨天學過的內容。設計程式的第一步是要思考以下流程對吧？

輸入、處理、輸出

輸入與輸出是什麼呢？

輸入是妳對電腦說的話，輸出是電腦給妳的答案，妳想和電腦一起做什麼事呢？

優羽試著想像使用 minio 的情況。

例如，今天早上優羽準備早餐的時候。

她想拜託身邊的 minio 做的事是增加獎勵點數。

如果 minio 可以回答增加點數之後會變成幾點，就很方便。

(所以…)

「**輸入**是我說『增加獎勵點數』，而**輸出**是 minio 回答『獎勵點數有〇〇點』。」

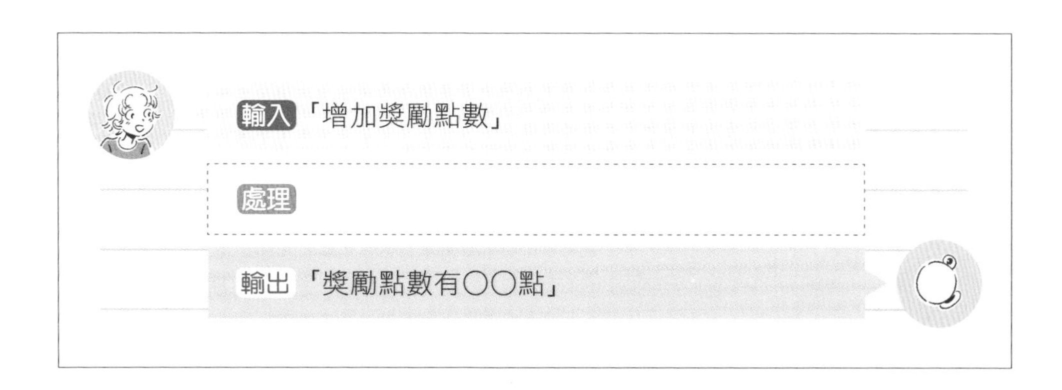

▶ 命名、記住

很好！在我們開始思考處理之前，還有一項準備工作要做喔！
如果要「增加點數」，就得讓 minio 記住現在的點數。

「啊！你說的沒錯，可是該怎麼做呢？」

首先必須向 minio 下達『記住』的命令，還得讓 minio 想起有多少點數。
如果要做到這一點，就得**在程式中使用特殊工具**，就是以下這個：

變數

聽到陌生的名詞，優羽不禁笑出來。

「變數？那是什麼，是數字嗎？」

雖然有個「數」字，卻不見得是數字。

變數是指將電腦中的**各種資料**※**先記在程式裡的工具**喔！

> **※注　資料**包括各種形式，例如你的生日、班級人數、今天的攜帶物品清單等。

在程式中使用變數這個工具，minio 就能記住目前的獎勵點數，即使之後增加點數，也可以想起來。

「工具？就像剪刀、訂書機之類的東西？」

優羽露出疑惑的表情。應該沒辦法用剪刀或訂書機裁剪、連接程式吧！

有點不一樣喔！

程式設計使用的工具是指，可以將命令成功傳達給電腦的程式寫法。除了變數之外，還有各式各樣可以用在程式設計的工具。這些工具都是為了能順利將命令傳達給電腦，只要瞭解各個工具的用法，就能把命令正確傳達給 minio 喔！

接下來要教妳變數的用法喔！

例如，現在想做的事是讓 minio 記住目前的獎勵點數。現在有多少點啊？

「48 點喔！」

※注　虛線框內的部分就是程式喔！本書在程式中使用了與命令電腦的特殊語言（程式語言）類似的中文喔！

程式會變成以下這樣：

```
目前的獎勵點數 = 48
```

這樣 minio 在程式中，就會以**變數名稱**「目前的獎勵點數」記住 48 這個數字喔！

※注　書中的綠色文字就是指「變數」喔！

「第一步必須讓 minio 記住這個數字啊！」

是的。minio 記住之後，就可以在程式中以**名稱**「目前的獎勵點數」取得 48 這個資料。

例如，可以透過這個程式記住並取得 48 喔！

大聲唸出目前的獎勵點數

執行這個命令之後，minio 就會唸出「48」！

「可以取得已經記住的資料，並說出 48 對吧！」

沒錯。變數這種工具的用法如下。

· 首先建立「名稱」，記住資料。
· 使用相同的「名稱」，取得已經記住的資料。

變數就是「指向資料的名稱」！

只要使用變數，minio 就可以記住目前的獎勵點數喔！

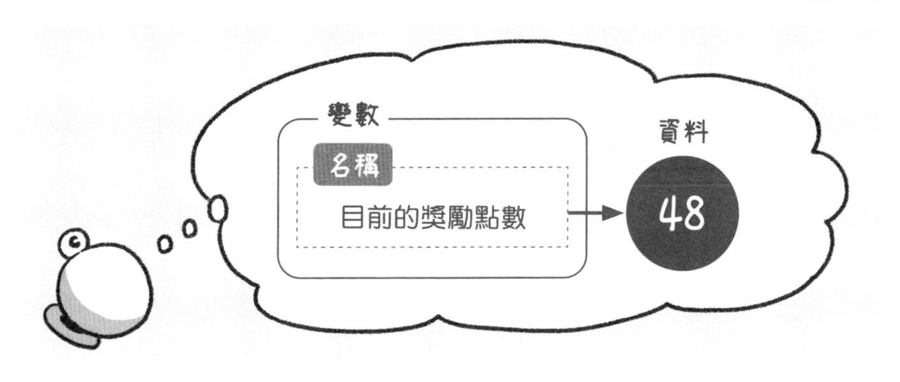

這樣就完成準備工作了。

接下來終於要開始設計「計算獎勵點數」的程式了。

輸出與輸入是以下這樣對吧！

輸入「增加獎勵點數」

處理

輸出「獎勵點數是○○點」

妳覺得處理該怎麼寫？怎麼做才可以讓 minio 產生妳想要的輸出呢？

優羽想做的事很明確，就是每次幫忙做家事時，獎勵點數增加一點後再說出增加之後的累積點數。

「**處理**是獎勵點數增加一點，然後說出『獎勵點數是○○點』。」

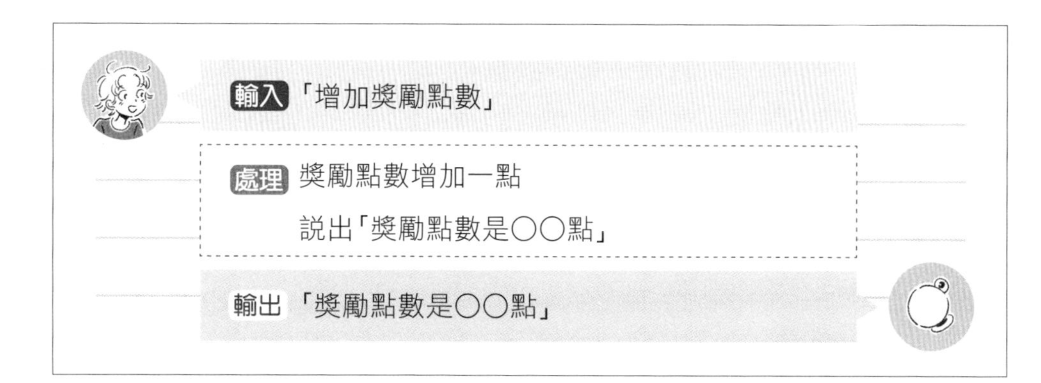

優羽重新看了一下處理與輸出，發現奇怪的地方。

「處理與輸出都寫了同一件事？」

雖然看起來很像，其實不一樣。

處理中寫的「說出」是指 minio「要做的事」。

輸出寫的是用 minio 的聲音說出「獎勵點數是〇〇點」，也就是結果。

「原來如此，這樣就沒問題了！」

告訴電腦更詳細的設定！

可是，筆記本的邊緣卻閃著紅光。這是筆記本表示「還有問題喔！」的訊號。

這個程式清楚顯示了妳想做的事，非常不錯。
可是完成的部分仍然不夠完整喔！
如果要用這個程式叫 minio 把獎勵點數增加一點，**就得提供更詳細的電腦命令**。

「更詳細？minio 是電腦，應該不會忘記數字吧！我覺得這樣沒有問題了啊…」

的確，像 minio 這樣的電腦不會忘記數字，或取得錯誤的數字。
不過**電腦的思考方法和人類不同，所以下達命令也需要一點訣竅喔！**

處理 獎勵點數增加一點

執行之後

處理 說出「獎勵點數是〇〇點」

如果要把這兩個部分連接起來，必須寫出以下所有命令：

處理 ❶ **在程式中取得目前的獎勵點數**

處理 ❷ **計算取得的獎勵點數增加一點後的結果**

處理 ❸ **在程式中重新記住增加一點之後的獎勵點數**

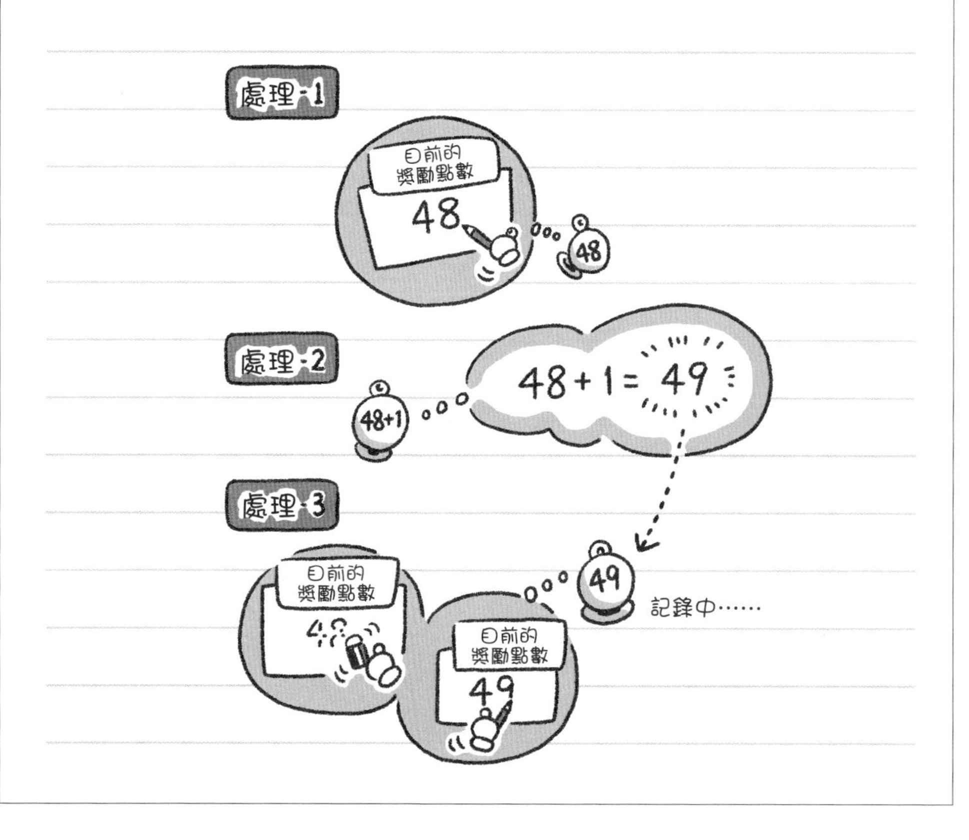

優羽原本以為只用一句話「獎勵點數增加一點」就可以完成，沒想到卻增加了三個命令，她覺得很驚訝。

仔細看，處理❷「計算取得的獎勵點數增加一點後的結果」似乎和優羽認為的「獎勵點數增加一點」一樣。

但是前後增加了「**在程式中取得**」、「**在程式中記住**」等命令。

「**在程式中取得**或**記住**是什麼意思？」

優羽聽到陌生的詞彙，歪著頭滿臉問號。

對 minio 這種電腦來說，在程式中取得、記住資料是非常重要的命令，接下來要開始說明。

▶ 呼叫名稱，取得資料！

└ 處理❶ 在程式中取得目前的獎勵點數

首先，從處理❶的「在程式中取得」開始。
當妳想執行「增加一點」的計算時，必須先取得 minio 已經記住、但是還未增加之前的點數。

我們已經完成取得點數的準備工作了。剛才使用了什麼工具讓 minio 記住目前的獎勵點數並告訴妳？

「啊，是變數！」

沒錯。用變數名稱「目前的獎勵點數」記住的資料，只要在程式中呼叫該變數名稱，就可以執行計算。

目前的獎勵點數

這樣應該會取得目前的獎勵點數「48」。

用加法增加點數！

└ 處理 ❷ 計算取得的獎勵點數增加一點後的結果

接下來是執行點數增加一點的計算，妳覺得會變成什麼樣的算式？

「加法算式吧！很簡單，48+1 ！」

「嗯嗯，沒錯。我們已經在程式中，用名稱「目前的獎勵點數」取得 48 這個數字對吧！

所以程式中的加法算式如下。

目前的獎勵點數＋ 1

minio 取得目前的獎勵點數是 48，所以這個程式等同 48+1。

處理 ❷ 計算取得的獎勵點數增加一點後的結果

這樣就完成了！

▶ 電腦的＝是「從右開始」計算！

└ 處理❸ 在程式中重新記住增加一點之後的獎勵點數

接下來要進入處理。

處理❸ 在程式中重新記住增加一點之後的**獎勵點數**。

妳知道為什麼要重新記住增加後的點數嗎？

計算「目前的獎勵點數＋ 1」之後，再詢問 minio「目前的獎勵點數」會出現什麼情況？

優羽思考著，因為 48 ＋ 1，所以…。

「49 ？」

可惜！答錯了，正確答案是 48。

如果沒有命令 minio「記住」資料，它就不會記錄計算結果。

而且「**目前的獎勵點數＋ 1**」並不是叫 minio「**記住**」**資料的命令**。

如果要記錄計算結果 49，就得對 minio 下命令。

因此這次輪到變數的「變」出場了！

「變」不是奇怪的意思，而是「改變」。

換句話說，是指「**可以更改名稱指向的資料**」。如果要改變名稱指向的資料，只要再寫一次就可以了。

```
目前的獎勵點數 = 49
```

這樣 minio 就會以新的名稱「**目前的獎勵點數**」記住 49。

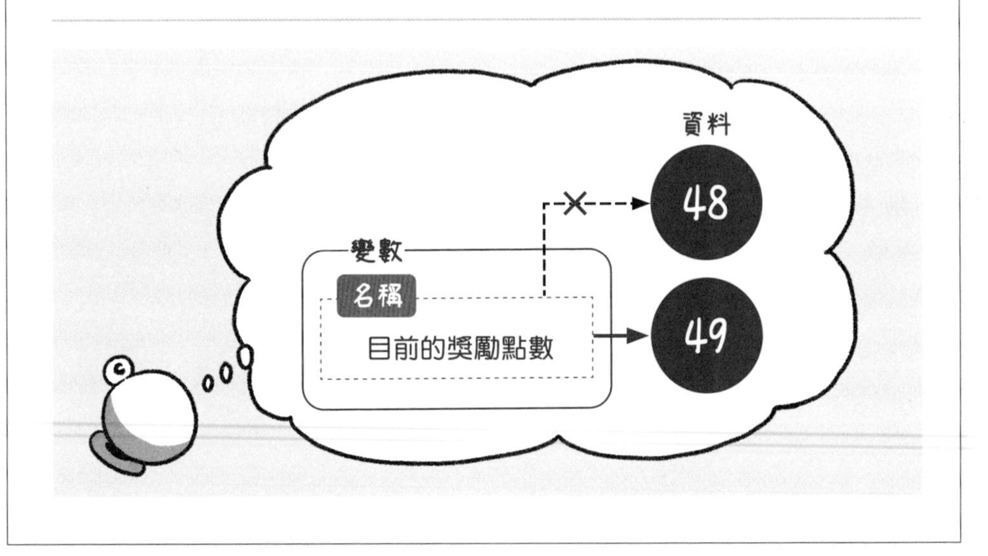

「就是告訴 minio，目前的獎勵點數是 49 喔！對吧！」

嗯嗯，沒錯。

但是點數並非一直都是 49，所以這樣的程式無法完成妳想做的事，還要再調整。
49 是 48 ＋ 1 的計算結果。為了在程式中計算 48 ＋ 1，使用變數寫成「**目前的獎勵點數**＋ 1」。
所以變成以下這樣：

目前的獎勵點數 ＝ **目前的獎勵點數** ＋ 1

優羽歪著頭感到疑惑。

「嗯，這樣有點奇怪吧？**目前的獎勵點數**出現兩次了。」

假設**目前的獎勵點數**是 48，現在寫的算式會變成以下這樣：

48 = 48 + 1

＝的右邊應該和左邊的數字一樣。

就算是優羽也知道這個算式是錯的。

妳說的對！

以這個變數名稱記住資料的寫法，也就是**「變數＝資料」的寫法有點特別**。

＝的意思不是「右邊與左邊的數字相等」。

在命令 minio 的程式中，如果有＝，規定會先計算＝的右邊。和妳平常在算術中使用的＝規則不一樣。

程式的順序如下。

（1）計算＝右邊的算式

（2）以左邊的變數名稱記住右邊的計算結果

首先要說明（1）的部分。

以程式的規則執行計算，會先計算＝右邊的算式。換句話說，假設獎勵點數是 48，

目前的獎勵點數＋ 1

會依照以下方式計算：

48 ＋ 1

答案當然就是 49。

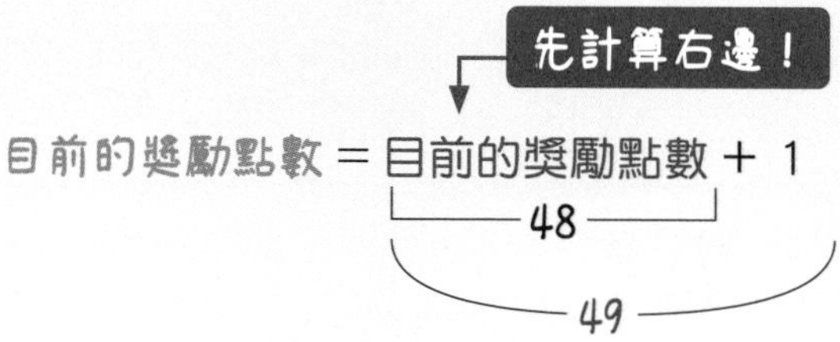

先計算右邊！

目前的獎勵點數 = 目前的獎勵點數 + 1

48

49

接著是（2）。

以左邊的變數名稱記住右邊的計算結果。

此時的＝是指「以左邊的變數名稱記住資料」的命令。

目前的獎勵點數＝ 49（計算結果）

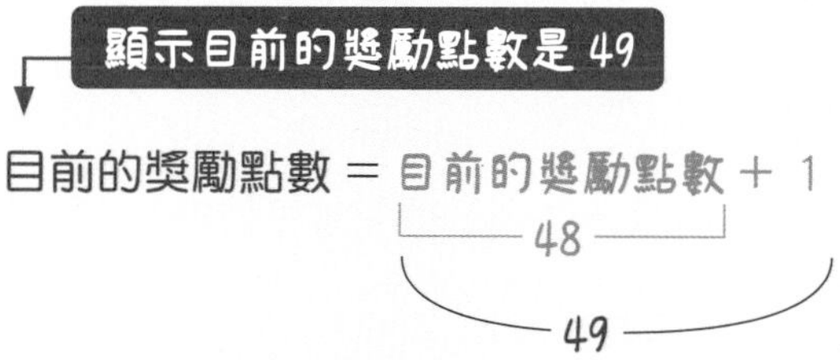

顯示目前的獎勵點數是 49

目前的獎勵點數 = 目前的獎勵點數 + 1

48

49

這樣目前的獎勵點數顯示的資料應該就會變成 49 ！

算術用的＝與程式中的＝有以下差異喔！

寫成 A＝B 時

算術的＝	程式的＝
定義	定義
A 等於 B	以名稱「變數 A」記住 B
＝的左右	＝的左右
＝的左右可以對調 寫成 B＝A	先計算＝的右邊 不會變成 B＝A

「原來如此。程式的算式是先右再左啊！順序是**先計算右邊，再以左邊的變數名稱記住該結果**，和算術完全不同耶！」

現在的處理是以下這樣喔！

假設「目前的獎勵點數」為 48

處理 目前的獎勵點數＝目前的獎勵點數＋ 1

「咦，只要這一行就能完成處理？」

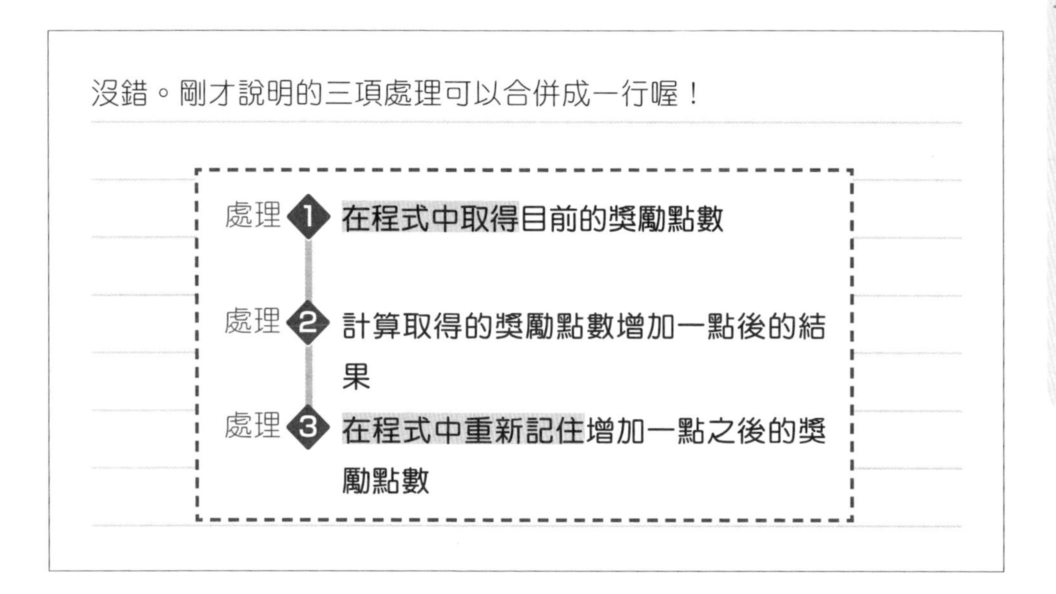

優羽心想，原來程式有很多規則啊！而且如果不知道這些規則，就無法正確傳達意思，也無法讀懂其中的含義。

優羽覺得這概念就像外文一樣。

▶完成程式以及來自媽媽的訊息

優羽立刻就明白筆記本在說哪個部分。其實優羽也有發現這樣有點不像程式。

「你是指〇〇的部分嗎？」

沒錯。
人類也許能瞭解這種命令，因為人可以進行推理，用點數取代「〇〇」，說出「獎勵點數是 49 點」。
但是電腦不擅長推理不明確的部分，必須清楚給予「要它做什麼」的命令。
那麼，在「〇〇」的地方應該下什麼命令呢？

優羽自信滿滿地回答。

「只要讓 minio 讀取變數『**目前的獎勵點數**』對吧？」

因為變數是為了讓 minio 記住計算結果而使用的工具。

很好，完全正確！

處理 說出「獎勵點數是**目前的獎勵點數**」

「獎勵點數是**目前的獎勵點數**有點奇怪。」

雖然奇怪卻沒有錯喔！

如果獎勵點數是 49 點，minio 應該會說出「獎勵點數是 49 點」喔！

突然周圍變暗，接著優羽寫的程式開始發光。

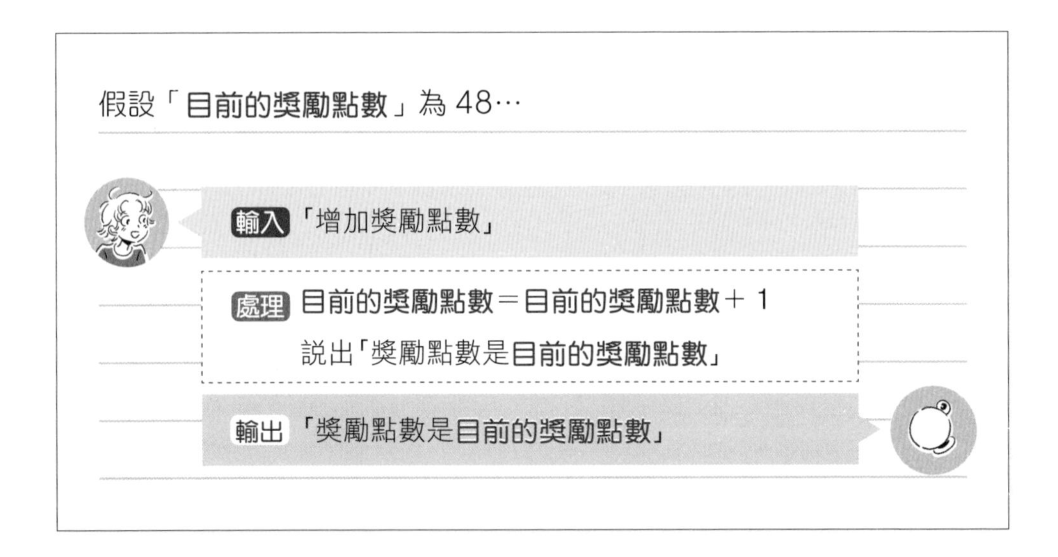

和昨天寫出今天攜帶物品程式時一樣。光芒輕柔地離開筆記本，漂浮在空中，順利地被 minio 吸進去。

整台 minio 都發出微微的藍光。

「儲存新程式，這個程式的名稱是什麼？」

優羽意識到這是指程式的標題。如果這個程式是一個作品，標題會是什麼呢？

「嗯，獎勵點數程式…？」

「『獎勵點數程式』儲存完畢」

minio 發出叮咚聲後就安靜下來，變暗的房間重新恢復明亮。

優羽像從夢中醒來般呼出一口氣。

此時，minio 的螢幕仍在發亮。

優羽嚇了一跳，但是馬上就意會過來。

顯示來自媽媽的訊息是 minio 平常就會執行的工作，和魔法筆記本無關。

優羽看了一下媽媽的訊息。

我會買晚餐回來，不過時間比較晚！
如果妳能幫忙準備好浴室的熱水，我會很高興喔～

優羽露出得意的微笑，這樣就能再拿到一點獎勵點數。

而且，她打算等媽媽回家之後，在她的面前對 minio 説「增加獎勵點數」。

媽媽應該會非常驚訝吧！

優羽一邊哼著歌，一邊走向浴室。

本章重點整理

我們從獎勵點數的說明中學到了變數。

變數

顯示資料的名稱，以「名稱＝資料」的形式，用＝左邊的名稱記住右邊的資料。

```
目前的獎勵點數＝ 49
```

這就是以左邊的變數名稱「目前的獎勵點數」記住右邊數值資料 49 的寫法。程式語言把用變數名稱記住資料的動作稱作**「代入」**。

程式是給人類，也就是我們看的，所以變數名稱最好按照以下規則命名：

・正確表示想連結的資料

・名稱不要過長

不要使用看不懂意思，或太長容易寫錯、看錯的名稱。

+1

第三章

週三的手球社活動

本章的關鍵字

真假、條件分歧

▶ 手球社人數不足

這一天，優羽開心地去上學。

有了 minio 的幫忙，她沒有忘記帶東西，而且獎勵點數也只差一點就累積到 50 點，馬上就可以請媽媽買藍色球鞋給自己了。

她覺得一切都非常順利。

可是，今天好友惠依因為感冒請假了。

惠依是隔壁班的同學，和優羽一樣都是「週三手球社」的成員，這個社團的成員共有 7 個人。

今天是週三，放學後是手球社使用體育館的日子⋯。

優羽叫出平板電腦裡的當日出缺席表，優羽的學校可以透過出缺席表 App 確認今天誰有來上學。

假如社團成員來學校上課的人數低於 5 個人，社團活動就會暫停。

今天社團成員來上學的人數有 1、2、3、4 個人。

社團活動似乎要暫停。

「啊！這週無法進行社團活動啊！」

每週都要計算有多少成員到校上課有點麻煩，而且如果人數不足，就白算了。

優羽覺得很沮喪，放學後馬上就回家了。

▶ 優羽的失誤

到家之後，優羽回到自己的房間躺在床上。

此時，minio 的螢幕發出藍光，似乎有人傳來訊息。

她看了一下 minio 的螢幕，原來是惠依傳來的。

「妳今天要參加手球社的活動嗎？」

優羽嚇了一跳，從床上跳起，急忙回訊息給惠依。

「惠依，妳今天不是請假嗎？社員成員只有 4 個人，所以我以為社團活動暫停！」

優羽立刻就收到回信。

「我早上去看病，但是醫生說我今天可以去學校，所以我就直接來上學了。」

優羽抱頭懊惱著。

惠依是隔壁班的同學。優羽只看了早上的出缺席表，所以沒注意到惠依來學校了。

如果放學之後，社團活動開始之前，優羽有再次確認出缺席表，就能發現社團活動正常舉行了吧！

即使現在跑回學校，也沒有時間練習手球。

優羽向惠依道歉，決定今天不參加社團活動了。

之後，她靜靜地躺在床上好一會兒，對於自己不小心錯過社團活動感到非常懊惱。

「好討厭啊…」

優羽沮喪地發出聲音時，minio 輕輕地飄了過來。

它大概以為有事情要命令它吧！

優羽對 minio 說道。

「我說 minio 啊！你可以「在每週三放學後提醒我確認社團的出席人數」嗎？」

「可以，妳要下命令嗎？」

「嗯…」

優羽沒有說「好」。

因為她覺得每次在平板電腦上開啟、確認出缺席表有點麻煩。

最近，當優羽遇到「有點麻煩」的時候，會開始思考有沒有讓事情變得比較方便的方法。

▶ 透過程式設計減輕負擔！

優羽不經意看了書桌一眼，發現放在那裡的綠色筆記本，筆記本竟然開始發出微光，就好像在暗示「拿起我吧！」…。

優羽從床上伸手拿起筆記本放在膝蓋上，筆記本自動翻到第一頁。

以下是這本筆記本的用法：

1. 找出妳想和 minio 一起做的事。
2. 打開筆記本新的一頁。
3. 大聲說出妳想做的事。
4. 使用寫在筆記本上的魔法設計程式。

「嗯，也就是説，我要 minio 做什麼呢…」

優羽陷入沉思。因為

（我…要 minio…在每週三的放學後…**我不想做任何事**，而且我可能會忘記，就算我什麼都不做，minio 也會自動…）

優羽閉著眼睛想像著。

如果週三放學後，優羽什麼事都不用做，由 minio 自動做「某件事」，並且告訴優羽的話⋯。

如果有社團活動，就當下表示「有社團活動喔」，**否則**就回答「沒有」⋯。

（嗯，這個想法不錯！）

優羽迅速翻開筆記本新的一頁。

「我希望 minio 告訴我每週三有沒有社團活動！」

筆記本似乎很開心地發光。

▶ minio 自動執行工作

「嗯，這個部分嘛！這次我**什麼事都不想做**，希望每週三 minio 可以自動完成所有工作，可能嗎？」

當然可以。因為電腦很擅長依照預定的計畫反覆執行相同事情。

妳可以把 **輸入** 改成 **每週同一時間執行** 喔！

但是如果只設定「週三」，minio 應該會覺得困惑。

因為妳必須決定每週三的幾點幾分執行這個命令。

妳想設定成幾點？

優羽想了一下，週三 15 點 30 分開完班會。此時，會依照來上學的社團人數決定是否舉行社團活動，所以最好在班會結束後立刻執行。

「應該是 15 點 30 分吧！」

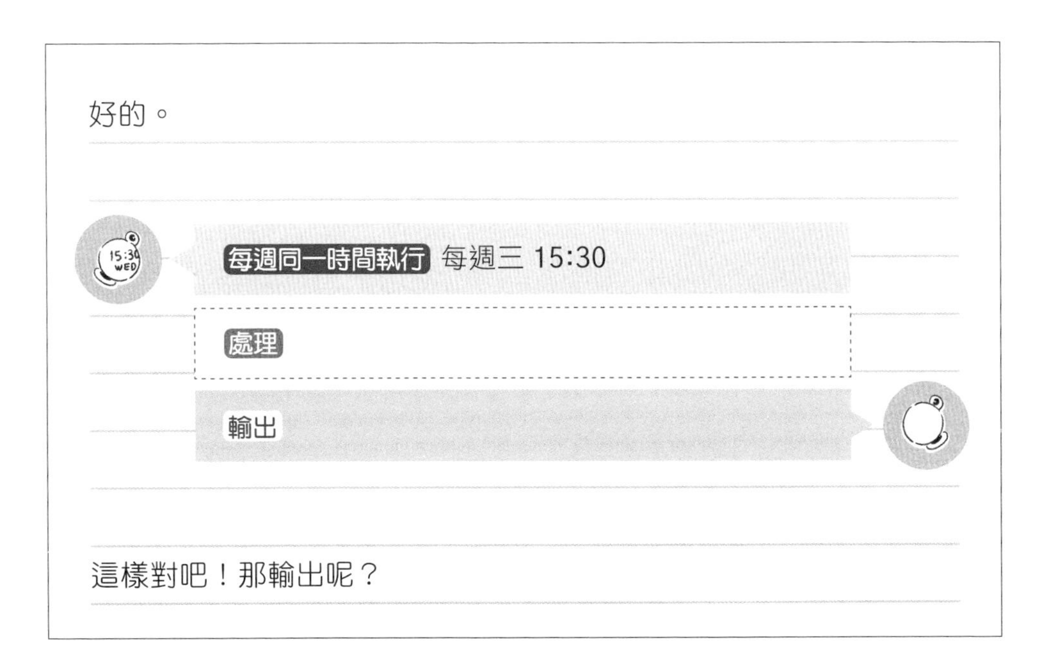

優羽對筆記本說出剛才她的想法。

「嗯，就是**如果**有社團活動的話，希望 minio 說出『今天有社團活動喔』，否則就說出『今天沒有社團活動喔』。」

瞭解！

嗯，既然如此，輸出是

「今天有社團活動喔」或「今天沒有社團活動喔」

對吧！

每週同一時間執行 每週三 15:30

處理

輸出 「今天有社團活動喔」或「今天沒有社團活動喔」

接著來想一想處理的部分吧！

妳剛才使用了「如果…」這個詞對吧？其實有個**程式設計工具**很適合用在出現如果這兩個字的情況喔！

昨天妳學到了變數這個程式設計工具對吧！

今天要用的是以下這個工具：

如果…的話，此時

否則

請試著使用這個工具把命令順利傳達給電腦。

「怎麼用呢？」

妳剛才說過

「**如果**有社團活動的話，就說出『今天有社團活動喔』，否則就說出『今天沒有社團活動喔』。

試著把以上需求套進去，可以寫成以下這樣：

處理 **如果**有社團活動**的話，此時**
　　說出「今天有社團活動喔」
否則
　　說出「今天沒有社團活動喔」

優羽覺得很奇怪。筆記本上改寫的敘述和優羽原本的說法沒有太大差別。

「嗯，**如果…的話，此時 否則**，一定要使用這種說法嗎？」

沒錯！沒有以

如果…的話，此時
否則

的形式對 minio 下命令，就無法和 minio 溝通。
妳回想一下，昨天說過**變數**是在程式中，用來記住資料的工具對吧！
現在要用的工具也有名稱喔！那就是

真假與條件分歧

▶ 嘗試使用新工具！

「真、真假？條件分歧？」

筆記本突然說出沒聽過的名詞，讓優羽感到很吃驚。

我來逐一說明。首先是真假。

這是指真實與虛假，例如真相或假貨，但是程式設計最好按照以下概念來思考：

真：**符合**

假：**不符合**

我們看一下剛才的程式。

> **如果**有社團活動**的話，此時**
>
> 　　說出「今天有社團活動喔」
>
> **否則**
>
> 　　說出「今天沒有社團活動喔」

「有社團活動」的部分可能是「真（符合）」或「假（不符合）」。

今天有社團活動嗎？

換句話說，**「有社團活動」的說法符合真實的情況嗎**？

優羽開始思考。自己弄錯人數就回家了，但是社團成員還是有使用體育館。

「因為使用了，
所以符合？」

那就是「真」！

如果沒有使用，就**不符合**「有社團活動」的說法，**所以是假**。這就是**真假**。

接著要說明**條件分歧**。

剛才的真假概念對條件分歧很重要。

條件分歧是指根據條件的真假，更改電腦執行動作的程式設計方法。

換句話說，就是**根據條件「符合」或「不符合」，改變電腦執行的動作**。

「咦？條件？條件是什麼意思？」

以這例子來說，條件是指「有社團活動」。

如果有社團活動**的話，此時**

　　說出「今天有社團活動喔」

否則

　　說出「今天沒有社團活動喔」

在「如果…的話，此時」的「…」輸入**可以回答「真（符合）」或「假（不符合）」**的敘述。

這就是**條件**。以這個例子來說，「有社團活動」的部分就是條件。

條件分歧在程式中可以用以下格式表示：

如果 條件為真（符合）**的話，此時**

　　執行 A

否則

　　執行 B

這樣妳瞭解真假與條件分歧了嗎？

「嗯，大概吧…」

優羽含糊地點點頭，卻百思不得其解。

「可是，這樣不就只是把我剛才說的『如果…的話』改成比較複雜的說法而已嗎？」

嗯！妳也可以這樣說。

但是，如果程式設計的工具，也就是**思考方式有名稱的話，遇到類似情況時比較方便**。

這一點也可以運用在妳今天的程式上喔！請試試看。

▶確定是否有社團活動

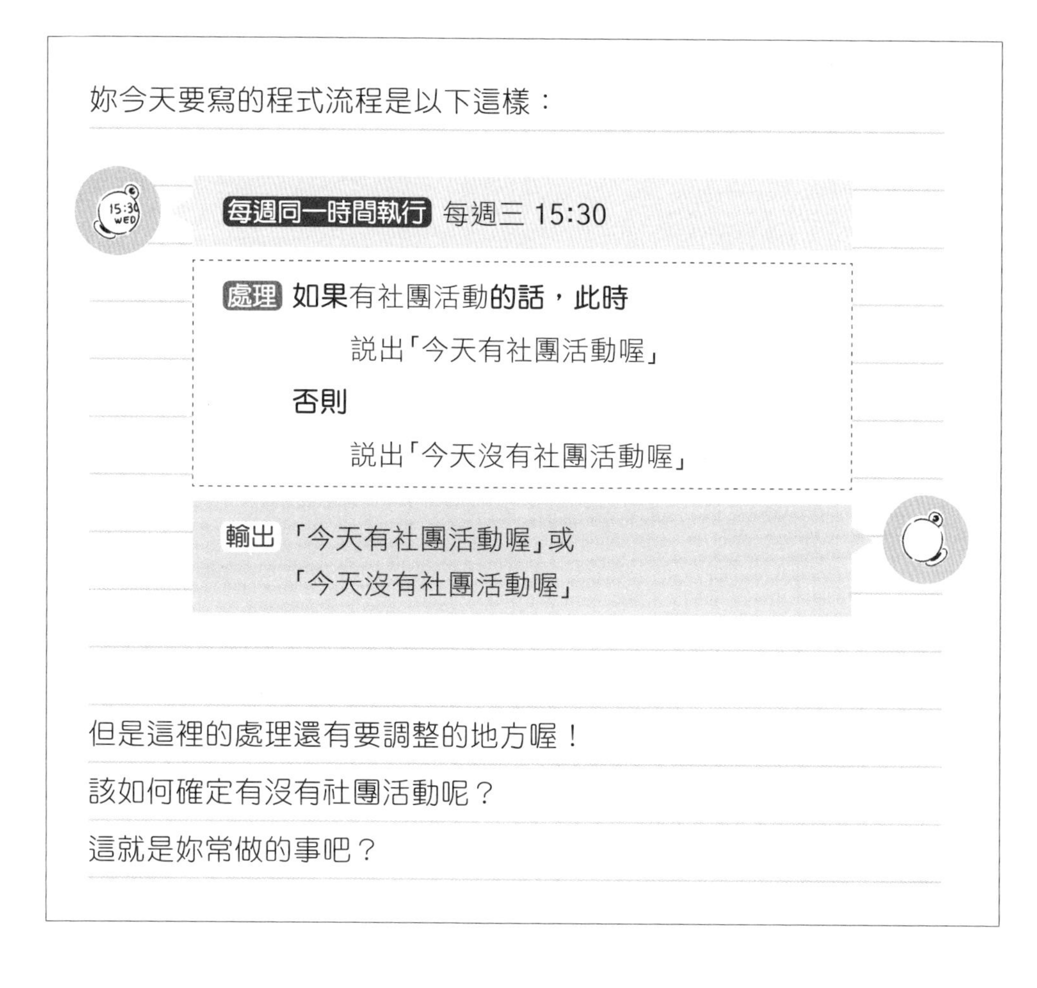

「這是我老是忘記做的事！

週三班會結束後，先點開平板電腦的出缺席表 App，看看手球社的成員有沒有 5 個人來上學。

如果超過 5 個人的話，就沒問題。

不到 5 個人就不行。」

嗯，原來如此！

必須蒐集的資料是成員中來上學的人數。

接著要**判斷**「有社團活動」的**真假**。

所謂的判斷真假，是指**調查是否符合條件**。

這就是 minio 要代替妳「處理」的工作。

聽起來就很像是電腦該做的工作啊！優羽很佩服 minio 總是可以正確完成優羽常忘記的麻煩工作。想到這一點，讓優羽產生了想設計程式的想法。

接下來，試著想一想如何寫出確認「有社團活動」真假的程式吧！
這個也是使用**「如果…的話，此時」**的模式喔！
就像以下這樣：

如果〇〇〇〇的話，此時
　　「有社團活動」為真
否則
　　「有社團活動」為假

〇〇〇〇的部分要填入什麼呢？

優羽認真地思考著。其實這件事沒那麼難。只不過優羽老是忘記去做，而且也不是非常複雜。

「嗯，〇〇〇〇的部分要填入**手球社的成員超過 5 個人來上學**吧！」

沒錯，這裡的「手球社的成員超過 5 個人來上學」就是「條件」。
〇〇〇〇的部分要加入條件。

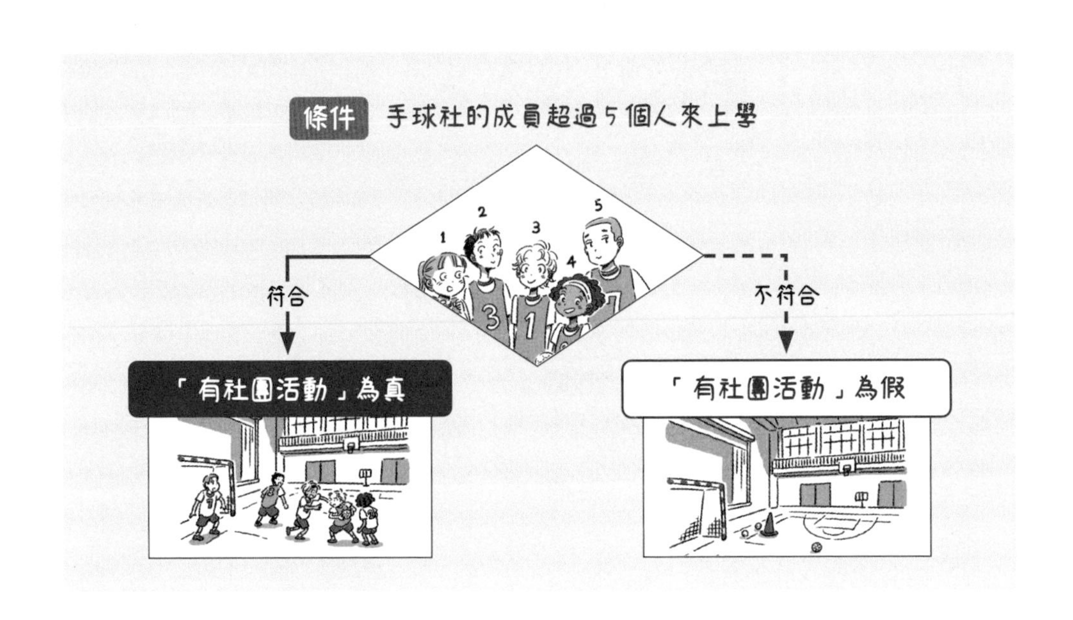

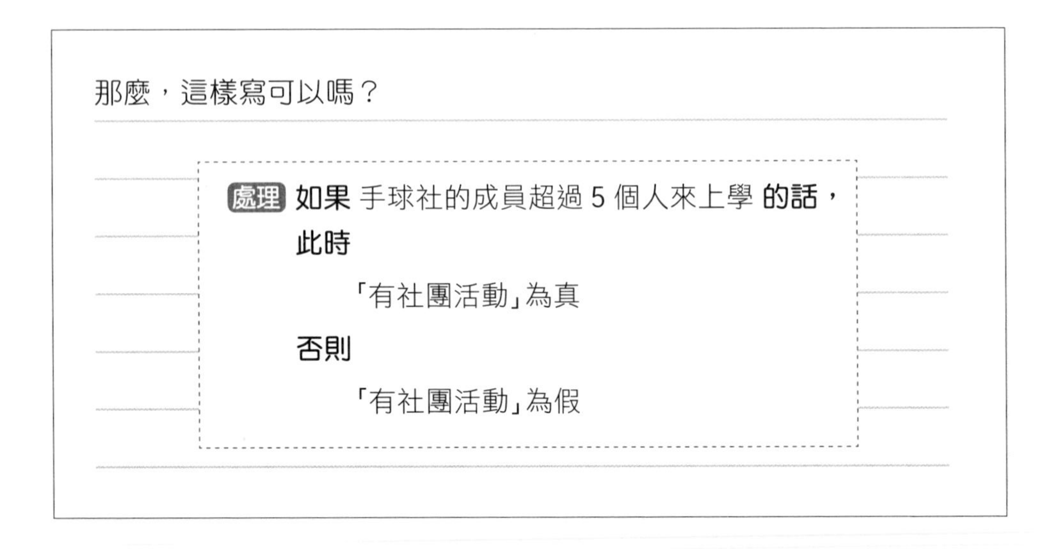
那麼，這樣寫可以嗎？

處理 **如果** 手球社的成員超過 5 個人來上學 **的話，**
此時
「有社團活動」為真
否則
「有社團活動」為假

優羽重新看過之後，點頭表示同意。

「看起來不錯！」

minio，把資料記下來

└ 處理❶ 判斷「有社團活動」的真假

太好了，這樣確認「有社團活動」真假的程式就完成了！

只要再努力一下，應該就可以解決週三社團活動的問題。

現在妳設計的程式是以下這樣：

每週同一時間執行 每週三 15:30

處理 **如果** 手球社的成員超過 5 個人來上學 **的話，**
此時
「有社團活動」為真
否則
「有社團活動」為假

> **※注** 當出現這個箭頭時，代表一個程式結束，接著要開始下一個程式喔！

如果 有社團活動 **的話，此時**
說出「今天有社團活動喔」
否則
說出「今天沒有社團活動喔」

輸出 「今天有社團活動喔」或
「今天沒有社團活動喔」

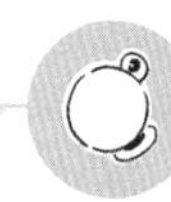

整理之後是以上這樣。

處理 ❶ **判斷「有社團活動」的真假**

處理 ❷ **根據「有社團活動」的真假，思考 minio 說話的內容**

流程沒問題。

但是這裡希望妳想起一件事。

那就是如果沒有下命令，電腦就不會主動記住資料。

即使算出人數，知道了「有社團活動」的真假，minio 也會忘記要回答什麼。

因此需要對電腦下達「記住」的命令。

在程式中，會用什麼工具讓電腦「記住！」資料？

「嗯，應該是**變數**？」

優羽小心翼翼地的回答。這是昨天筆記本才說明過的工具。

答對了！

換句話說，這次的變數用法是以下這樣：

處理 1 **判斷「有社團活動」的真假**

→使用變數名稱「有社團活動」記住真假

處理 2 **根據「有社團活動」的真假，思考 minio 說出的內容**

→在條件分歧的條件中，使用變數「有社團活動」

把「有社團活動」設定成變數時，該怎麼寫出讓電腦「把資料記下來！」的命令？

※注　請參考第二章的 56 頁喔！

「這個嘛…」

優羽翻開筆記本昨天寫好程式的那一頁。

找到在目前獎勵點數的變數中，連結點數 48 並記住該資料的程式。

```
目前的獎勵點數 = 48
```

優羽回到她正在編寫的程式頁面並向筆記本問道。

「該不會只要使用變數寫出

有社團活動＝真

與

有社團活動＝假

就可以了⋯？」

不錯！如此一來，就可以利用變數名稱「有社團活動」來記住真假了。

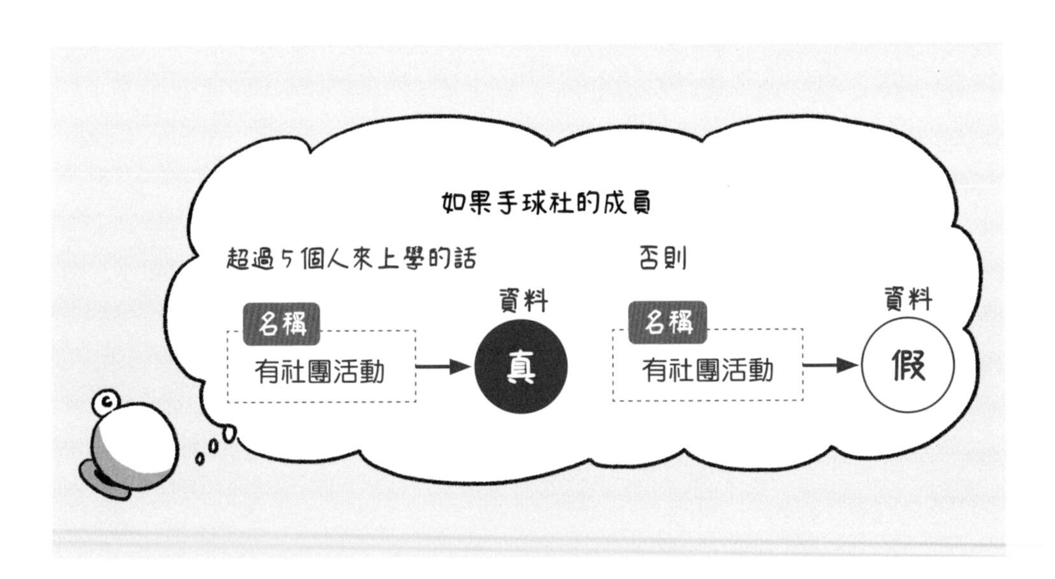

▶ 完成程式！

└ 處理❷ **根據「有社團活動」的真假，思考 minio 說出的內容**

把到目前為止說明的程式整理之後，結果如下：

如果 手球社的成員超過 5 個人來上學 **的話，此時**
　　有社團活動 ＝ 真
否則
　　有社團活動 ＝ 假

請在處理❷的回答部分使用變數「有社團活動」。

優羽重新檢視 minio 回答問題的程式。

如果 有社團活動 **的話，此時**
　　說出「今天有社團活動喔」
否則
　　說出「今天沒有社團活動」

「該不會…只要把『**如果** 有社團活動 **的話**』的『有社團活動』直接當作變數就可以？」

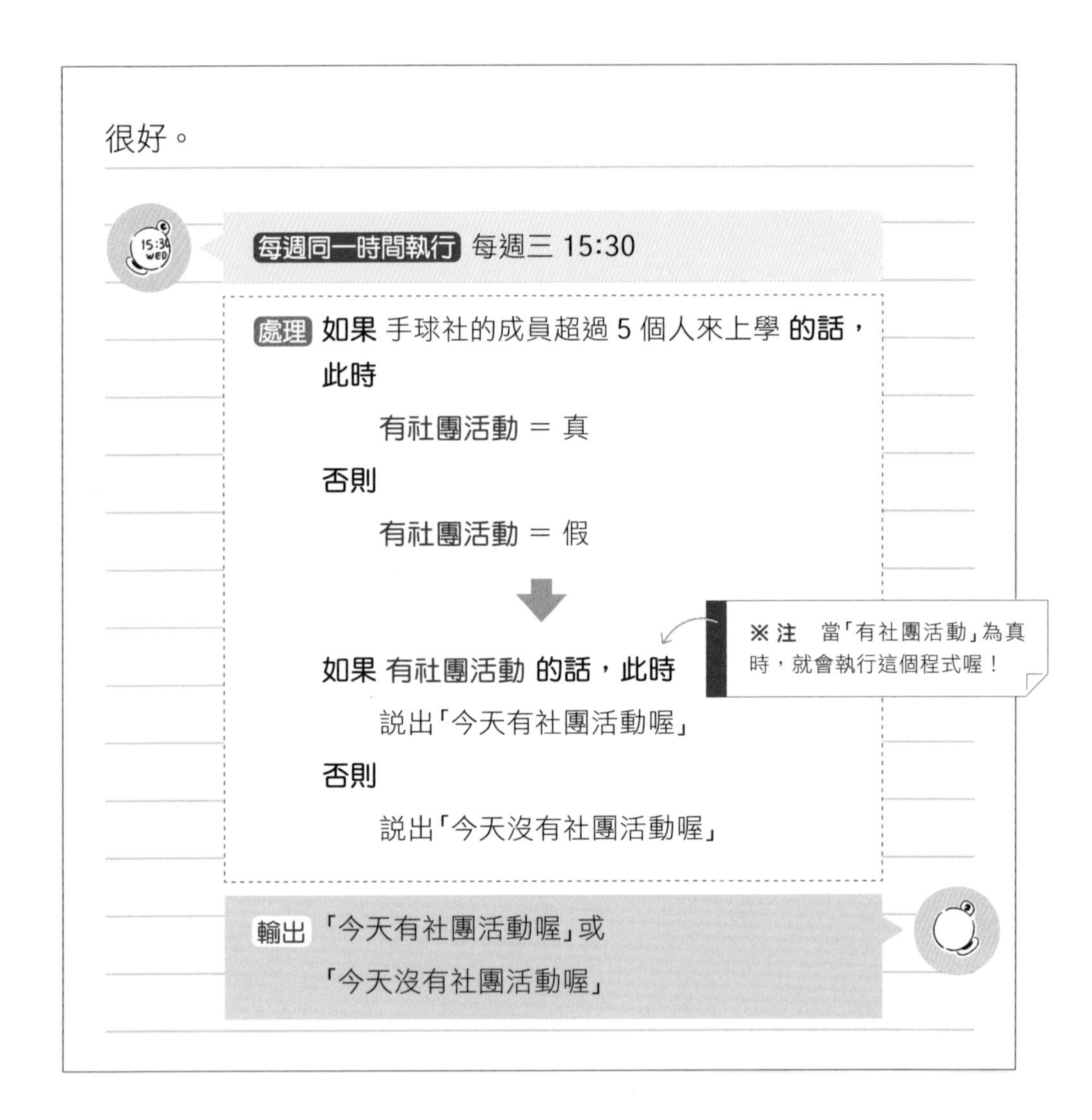

此時，筆記本上的程式發出藍光，代表程式順利完成。接著和之前一樣，藍光被 minio 吸了進去。

「儲存新程式，這個程式的名稱是什麼？」

和平常一樣，minio 詢問了程式的名稱，優羽已經想好名字了。

「就叫做『週三手球社程式』！」

「『週三手球社程式』儲存完畢」

聽到 minio 發出叮咚一聲時，優羽笑了。

（我已經很習慣設計程式了吧？）

▶ 優羽的完美週三

到了下週三，優羽什麼都沒做。

沒有打開出缺席 App 確認手球社的成員是否有來學校，也沒有計算來上課的人數是否超過 5 個人。

因為這些動作 minio 應該都會幫忙完成。

優羽滿心期待地等到 15 點 30 分。

15 點 30 分，minio 的螢幕發光，清楚說道。

「今天有社團活動喔」

這一天優羽盡情享受了練習手球的時光。

本章重點整理

在手球社的事件中，學到了真假與條件分歧。

真假與條件分歧

【真假】符合（真）與不符合（假）

【條件分歧】根據條件真假，更改電腦執行動作的方法

在詢問某件事的敘述中，包括可以回答「真假（符合、不符合）」以及無法回答的情況。**能以真假回答的敘述，可以變成條件分歧的條件**。

以下 A ～ C 之中，哪些能以真假回答呢？
（答案在本頁下方）

（1）

A. 喜歡什麼顏色？

B. 今天有下雨嗎？

C. 優羽喜歡的運動？

（2）

A. 現在幾點？

B. 現在已經超過優羽的睡覺時間（21:30）？

C. 明天要帶什麼東西去學校？

答案：（1）B　（2）B

第四章

傳訊息給每個人

本章的關鍵字

重複

▶ 惠依的請求：這個程式可以分享給大家使用嗎？

下週三，優羽在 minio 的幫忙下，順利地練習了手球。

回家時，朋友惠依緩緩説道。

「優羽，妳今天沒有弄錯耶！我數錯上學的人數，差一點就回家了。」

今天惠依參加社團活動的時間有點晚，似乎是班會結束後，本來打算回家，為了慎重起見，看了一下體育館才發現有社團活動。

「嘿嘿嘿，我跟妳說，其實啊…」

優羽逮到機會向惠依炫耀了自己寫的程式。雖然她也跟媽媽講過程式的事，媽媽卻沒有感受到程式的方便性，只說「很棒」…。

「哇，優羽好厲害。」

惠依拍著手，打從心底稱讚著優羽。

接著惠依想了想便說道。

「優羽，這個程式可以用訊息傳送通知給手球社的所有人嗎？」

魔法筆記本，請幫幫忙！

優羽一打大門，立刻往自己的房間跑過去。

接著馬上翻開筆記本新的一頁。

她已經記住筆記本的用法了。

以下是這本筆記本的用法：

1. 找出妳想和 minio 一起做的事。
2. 打開筆記本新的一頁。
3. 大聲說出妳想做的事。
4. 使用寫在筆記本上的魔法設計程式。

優羽一句一句大聲說出自己想做的事。

「我希望 minio 可以在每週三透過訊息告訴大家有沒有社團活動！」

筆記本發出愉快的光芒。

我們又見面了！這次妳想做的是以下這件事吧！

想做的事：希望傳送訊息給大家，通知每週三是否有社團活動

原來如此。要讓上次的手球社程式變得更方便啊！聽起來很不錯！
那麼，先來看看之前寫的程式吧！

每週同一時間執行 每週三 15:30

處理 **如果** 手球社的成員超過 5 個人來上學 **的話，**
此時
　　有社團活動 ＝ 真
否則
　　有社團活動 ＝ 假

如果 有社團活動的話，**此時**
　　說出「今天有社團活動喔」
否則
　　說出「今天沒有社團活動喔」

輸出 「今天有社團活動喔」或
「今天沒有社團活動喔」

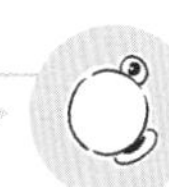

如果要向每個人傳送訊息，妳覺得應該更改哪個部分？

「嗯，在處理階段，minio 說出『今天有社團活動喔』或『今天沒有社團活動喔』的部分⋯？這樣的話輸出也會改變吧？」

這次的輸出不是 minio 說出結果，而是由 minio 傳送訊息。

因此輸出是「今天有社團活動喔」或「今天沒有社團活動喔」的訊息。

每週同一時間執行 每週三 15:30

處理 **如果** 手球社的成員超過 5 個人來上學 **的話，此時**

有社團活動 = 真

否則

有社團活動 = 假

如果 有社團活動的話，**此時**

向每個人傳送「今天有社團活動喔」的訊息

否則

向每個人傳送「今天沒有社團活動喔」的訊息

輸出 「今天有社團活動喔」或「今天沒有社團活動喔」的訊息

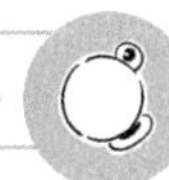

「每個人」是指誰？

優羽看了修改後的程式，覺得不錯，自己想做的事看起來全都寫出來了。

「這樣應該就完成了吧？」

還早呢！光這樣 minio 是不會動的喔！
首先，應該還有 minio 不知道的資訊吧！
所謂的「每個人」是誰呢？

「啊！說的也是。

每個人是指手球社的成員，包括我、奈奈、慎吾、初樂、美娜、惠依、楓宇共 7 個人！」

試著命令 minio 把訊息傳送給「每個人」吧！妳認為該怎麼做呢？

當要把訊息傳給其中一個人時，暫時寫成以下這樣：

向○○傳送「…」的訊息

優羽陷入沉思，「每個人」是指 7 個人，所以…。

「如果 有社團活動 **的話，此時**

向優羽傳送「今天有社團活動喔」的訊息

向奈奈傳送「今天有社團活動喔」的訊息

向慎吾傳送「今天有社團活動喔」的訊息

…

只要寫 7 次就可以了？」

嗯嗯，這樣寫也可以，沒有問題！

但是有更好的寫法。

現在這種寫法必須重複寫出相同的命令給不同的對象對吧？

程式中最好不要一直重複寫出相同內容。

▶ 整合相同部分只寫一次！

「為什麼？既然多寫幾次也可以執行的話，應該沒關係吧！」

優羽噘嘴抱怨著。

的確，只要程式可以按照預期執行就好，也是一種作法。

但是，假設妳想要稍微修改程式。

例如想把訊息「今天有社團活動喔」改成「今天有社團活動喔！要記得來練習！」之類的。

如此一來，

如果 有社團活動 **的話，此時**
　　向優羽傳送「今天有社團活動喔！要記得來練習！」的訊息
　　向奈奈傳送「今天有社團活動喔！要記得來練習！」的訊息
　　向慎吾傳送「今天有社團活動喔！要記得來練習！」的訊息
…

必須改寫 7 次才行！

雖然這次只有 7 個人，但是電腦擅長處理大量資料，有時可能要同時傳送訊息給一萬個人喔！
這個程式寫一萬次，或是修改一萬次都很麻煩吧！
這就是程式中最好別一直重複寫出相同內容的緣故。

「原來如此。這樣的話，該怎麼寫出不重複相同內容，一次就能執行完畢的程式？」

這次希望 minio 可以依照成員人數，向社團成員，也就是**多個對象**執行「傳送訊息」的**相同操作**。
此時，必須使用新的程式設計工具，避免寫出多次**相同操作**。那就是

重複

「重複？相同內容寫很多次，不就是重複嗎？」

嗯嗯，但是**程式設計的「重複」是指「重複的部分只寫一次」**。

只要使用「重複」這項工具，就可以聰明地命令電腦執行相同操作多次。

因此，我們要思考以下事項：

處理 1 **寫出「重複」命令**

處理 2 **在「重複」命令中加上「條件」**

處理 3 **寫出要重複「做什麼」的命令內容**

接下來要說明，在編寫重複程式時的思考順序。

▶ 第一步要決定結束的方法！

└ 處理❶ 寫出「重複」命令

└ 處理❷ 在「重複」命令加上「條件」

接著立刻來編寫重複的程式吧！

處理❶ 寫出「**重複**」命令

這個很簡單，寫法是以下這樣：

重複下個命令

接著**一定要同時思考以下問題**：

處理❷ 在「**重複**」命令加上「**條件**」

「等一下，從剛才開始就一直提到**條件**，條件是…」

優羽翻開筆記本前面的頁面。所謂的條件是根據有沒有社團活動，改變 minio 說話內容時出現的用語。

筆記本的那一頁是這樣寫的。

如果 有社團活動 **的話，此時**

「今天有社團活動喔」

否則

「今天沒有社團活動喔」

※注　在第三章的 93 頁喔！

在「如果…的話，此時」的「…」放入**可以用「真（符合）」或「假（不符合）」回答**的敘述。

這就是**條件**。

「可以用符合或不符合回答的敘述？」

優羽找到答案後，筆記本自動回到最新一頁。

沒錯！

在重複命令加上的條件是指「什麼情況會持續重複？」。

換句話說，就是「符合哪種情況的期間一直重複」。

這是重複程式第一個要思考的重要關鍵。

要重複多久？也就是何時結束重複。

「咦，一開始就要思考何時結束？好奇怪啊！」

優羽笑出來。

妳覺得奇怪嗎？
可是啊！電腦只會聽命行事。
如果沒有先告訴電腦「執行幾次之後就停止」或「到此為止」，妳覺得會發生什麼事？沒有任何指示，就下達「重複」命令的話會如何？

「究竟會怎樣呢？」

電腦會一直重複，幾百次，幾千次，甚至幾萬次。
這種程式的狀態稱作「無限迴圈」喔！「無限」代表沒有終點，「迴圈」是指重複。換句話說，就是「不斷重複」！
大部分的電腦在重複太多次後會表示「不行了！」並停止執行。但是在電腦停止動作時，可能已經重複了數千次。
如果妳寫的**程式**沒有條件，結果傳了幾千則訊息給妳所有的朋友，那該怎麼辦？

「這樣會很糟…！」

所以啊！一開始要先思考**重複**的條件。

最容易想到的就是次數。

這個程式要傳送訊息給所有手球社的成員對吧？如果一個人傳送一次，要傳給 7 個人的話，「傳送訊息」要重複幾次呢？

「嗯，7 次。傳送訊息給 7 個成員就結束！」

那麼，重複條件就設定成「重複次數到 7 為止」囉！

接著要寫出重複 7 次的程式。

現在想做的事是以下這樣對吧！

處理❶ 寫出「**重複**」命令

處理❷ 在「**重複**」命令加上「**條件**」

處理❷ 的「條件」是「重複次數到 7 為止」。

請將處理❶ 與處理❷ 合併在程式中。

合併重複命令與條件，對 minio 下命令時，可以整理成以下這樣喔！

> **在○○○○○○**（處理❷）**的期間，重複執行以下命令**（處理❶）

○○○○○○包含重複條件。在這個格式加入剛才「重複次數到 7 為止」的條件，就變成

> **重複次數到 7 為止的期間，重複執行以下命令**（處理❶ **與**處理❷）

如何計算重複次數？

└ 處理❷ 在「重複」命令加上「條件」（後續）

優羽點著頭專注地看著程式，接著重新檢視之前筆記本寫的處理❶到處理❸。

處理❶ 寫出「**重複**」命令
處理❷ 在「**重複**」命令加上「**條件**」
處理❸ 寫出要重複「**做什麼**」的**命令內容**

「這樣處理❷就結束了嗎？」

可惜還沒有。

在這個程式中，有一件事 minio 還沒做，那就是計算「重複了幾次」。

所以在這個重複程式中，要對 minio **下達計算重複次數的命令**！

「計算重複次數的程式…？」

優羽覺得很煩惱，不知道該怎麼做才好。

別擔心，妳有寫過一樣的命令喔！

計算重複的次數就是每次重複時，**數字加 1 的程式**。

妳應該記得數字加 1 的程式吧？

優羽開始回想，自己寫過的程式包括 minio 唸出今天攜帶物品的程式，還有增加獎勵點數的程式…。

「啊！是獎勵點數！？」

就是那個！說明獎勵點數的程式時，使用了變數這個工具，執行了以下工作：

- 首先將變數「目前的獎勵點數」變成 48
- 目前的獎勵點數加 1

※注　在第二章的 56 頁與 70 頁喔！

寫成程式是以下這樣：

```
目前的獎勵點數＝ 48
目前的獎勵點數＝目前的獎勵點數＋ 1
```

優羽點點頭。

同樣地，我們試著使用變數「**重複次數**」執行以下工作：

・首先將**重複次數**設定為 0

・每次重複時，**重複次數**加 1

一開始設定為 0 是為了執行重複命令**之前**，讓 minio 記住已經重複的次數。

既然是開始重複之前，已經重複的次數當然是 0。

「那麼，最初的命令是 **重複次數＝0** 對吧。

重複次數加 1 的命令寫成

重複次數＝重複次數＋1 就可以了嗎？

很好！

在剛才設定的重複條件中，使用變數「**重複次數**」，結果如下。

重複次數到 7 為止的期間，重複執行以下命令

而且，重複命令要寫在條件之後。現在希望**重複次數**加 1 對吧？

全部合併之後，程式會變成以下這樣：

重複次數＝ 0
重複次數到 7 為止的期間，重複執行以下命令
　重複次數＝重複次數＋ 1

「嗯，嗯，重複加 1 時，會發生什麼事？首先，0 變成 1…」

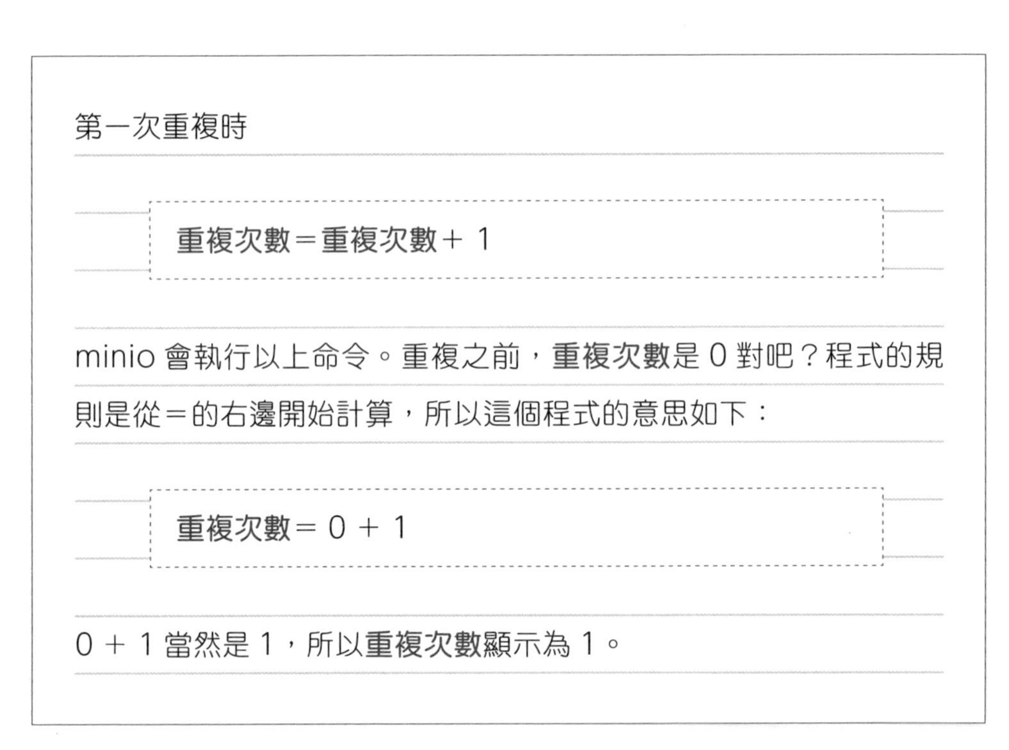

第一次重複時

重複次數＝重複次數＋ 1

minio 會執行以上命令。重複之前，重複次數是 0 對吧？程式的規則是從＝的右邊開始計算，所以這個程式的意思如下：

重複次數＝ 0 ＋ 1

0 ＋ 1 當然是 1，所以重複次數顯示為 1。

每次重複時確認條件

└ 處理❷ 在「重複」命令加上「條件」(後續)

此時，重複次數從 0 增加到 1。結束重複命令後，妳覺得 minio 接下來會怎麼做？

「嗯，因為重複，所以會再執行一次

重複次數＝重複次數＋ 1 嗎？」

很好！但是在此之前，minio 有一件事要做，那就是

確認重複次數到 7 為止

的條件。

如果「**重複次數到 7 為止**」為真（符合），就再重複執行命令。若為假（不符合），就在此結束重複。

結束第一次命令時，重複次數為 1 對吧？符合（真）「**重複次數到 7 為止**」，所以 minio 會繼續重複執行第二次命令。

重複次數＝重複次數＋ 1

minio 執行以上命令後，

重複次數＝ 1 ＋ 1

重複次數顯示為 2。

接著 minio 再次確認「重複次數**到 7 為止**」的條件。重複次數 2 小於 7，所以再重複執行命令。

每次執行時，重複次數會從 2 增加成 3，3 增加成 4…。

「重複次數變成 7 之後，結束重複！」

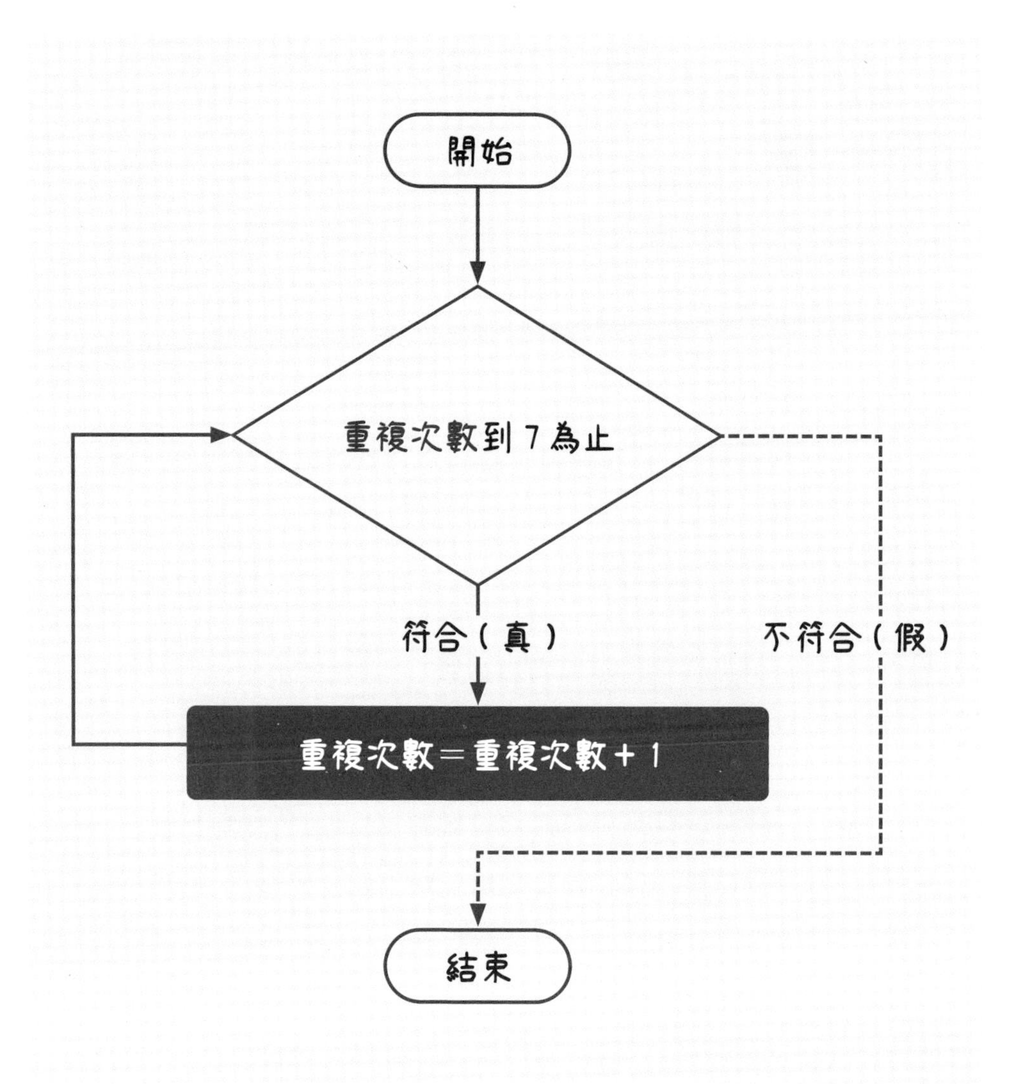

沒錯！

因為「**重複次數到 7 為止**」為不符合（假），所以順利結束重複。

這樣就完成處理❶與處理❷了！

「每個人」與「每個人中的一個人」不一樣

└ 處理❸ 寫出要重複「做什麼」的命令內容

設定重複條件之後，優羽鬆了一口氣。

「這樣就完成了？可以傳送訊息了嗎？」

還沒。必須正確寫出妳真正想執行的命令「傳送訊息」，也就是

處理❸ 寫出要重複「**做什麼**」的**命令內容**

※注　請參考 119 頁、125 頁。

命令內容中，現在已經寫上重複次數加 1 的程式。但是妳真正想做的事是「向每個人傳送訊息」對吧？這個部分也寫出來吧！

```
重複次數＝ 0
重複次數到 7 為止的期間，重複執行以下命令
    重複次數＝重複次數＋ 1
    向每個人中的一個人傳送訊息
```

「咦，我想做的事是『向每個人傳送訊息』啊？為什麼變成『向每個人中的一個人傳送訊息？』」

嗯，如果在重複內容中，寫上「向每個人傳送訊息」而不是「向每個人中的一個人傳送訊息」，就會這樣處理。

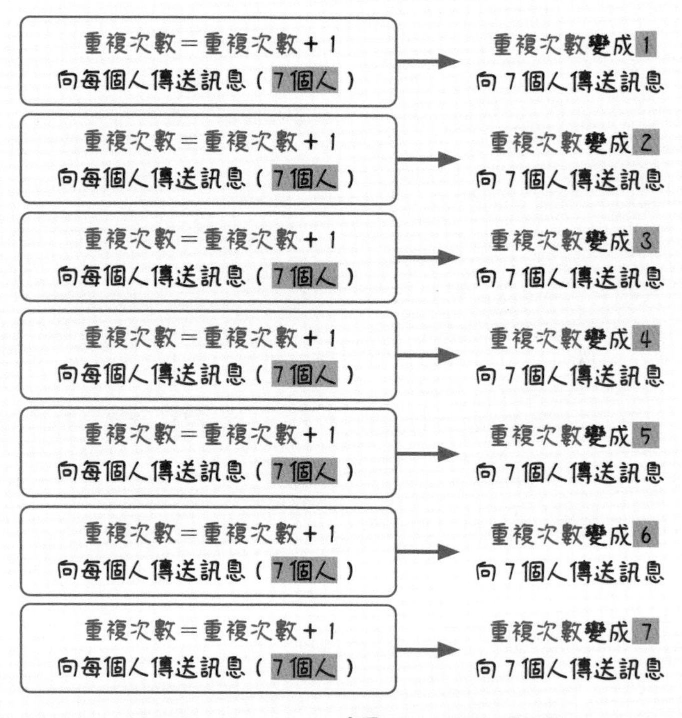

這樣符合妳想執行的處理嗎？

優羽看著畫在筆記本上的圖，仔細思考。重複次數加 1 和預期的一樣，接著是向每個人傳送訊息，也就是 7 個成員⋯。

「啊！傳送 7 次訊息給 7 個人，就會傳送出 49 則訊息！」

沒錯，但是實際上，妳想逐一向每個人傳送訊息，重複傳送 7 次，共 7 則訊息對吧？

所以是重複 7 次「向每個人中的一個人傳送訊息」而不是「向每個人傳送訊息」喔！

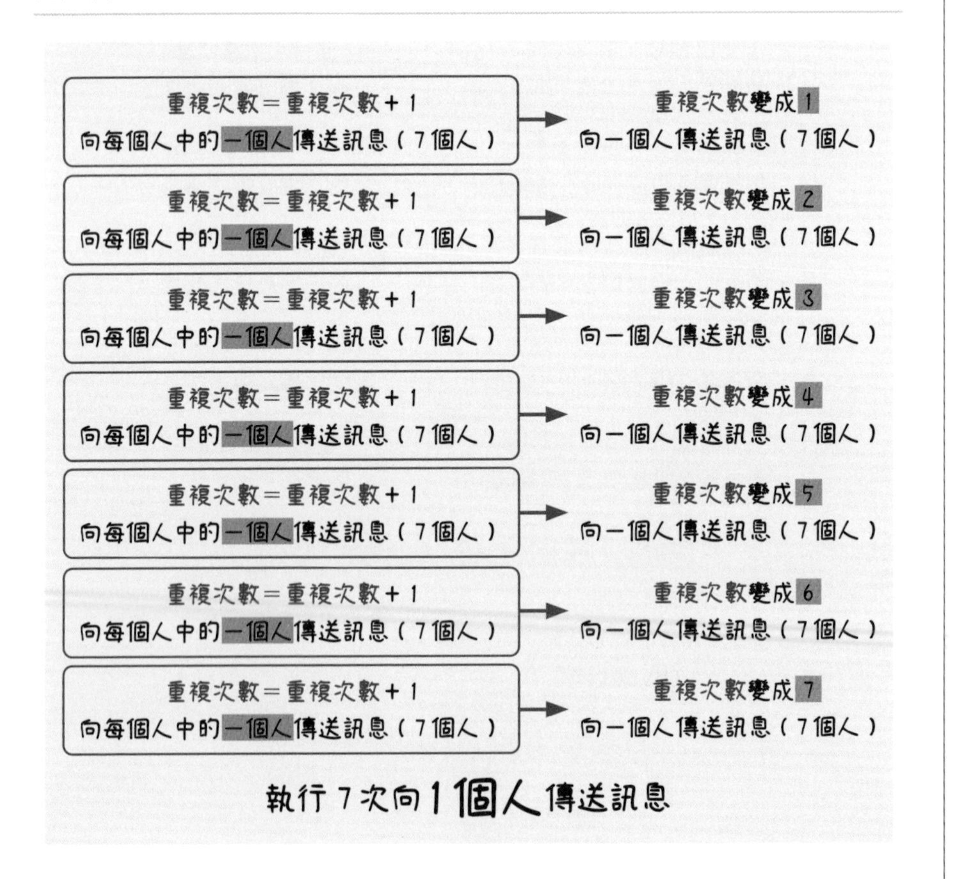

試著把之前完成的週三手球社程式與目前做好的程式組合起來吧！

每週同一時間執行 每週三 15:30

處理 **如果** 手球社的成員超過 5 個人來上學 **的話，此時**

有社團活動 = 真

否則

有社團活動 = 假

※ **注** 請試著與 113 頁的程式做比較喔！

如果 有社團活動 **的話，此時**

更改了這個部分

重複次數 = 0

重複次數**到 7 為止的期間，重複執行以下命令**

重複次數 = 重複次數 + 1

向每個人中的一個人傳送「今天有社團活動喔」的訊息

否則

更改了這個部分

重複次數 = 0

重複次數**到 7 為止的期間，重複執行以下命令**

重複次數 = 重複次數 + 1

向每個人中的一個人傳送「今天沒有社團活動喔」的訊息

輸出 「今天有社團活動喔」或「今天沒有社團活動喔」的訊息

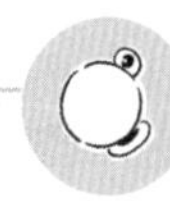

「好厲害，程式完成了！」

優羽重新檢視程式並點頭認同。

她覺得這個流程很完美。

「minio ！」

優羽大聲呼喚 minio，因為她想盡快讓 minio 執行這個程式。

但是此時筆記本的邊緣閃爍著紅光，優羽卻沒有注意到這一點。

優羽朝向飛過來的 minio 攤開筆記本。

「minio，執行這個程式！」

房內突然變暗，從筆記本流向 minio 的光是紅色的！

接收光線後的 minio 也發出令人不安的強烈紅光，而不是和平常一樣的藍光。

「程式接收失敗，minio 不知道『每個人』是誰」

minio 只說了這一句就安靜下來，房內也恢復明亮。

「奇怪…？」

優羽有一種不好的感覺，minio 的樣子和平常不一樣，讓她覺得坐立難安。

筆記本的邊緣持續發出紅光，代表程式有錯誤。

如果提供錯誤的程式，電腦會出現什麼狀況？

「我該不會把 minio 弄壞了吧…？」

本章重點整理

minio 會怎麼樣？雖然令人擔心，但是我們先稍微喘口氣。

重複

命令電腦重複執行相同操作的方法

・「重複到何時」的條件

・重複「做什麼」的內容

以組合方式寫出以上程式

請試著尋找你身邊能用程式設計讓 minio 幫助你「重複執行相同操作」的需求。

第五章

「為了自己」變成「為了每個人」

本章的關鍵字

錯誤訊息、陣列

▶ 錯誤訊息非常有用

優羽把不完美的程式傳給 minio，minio 接收程式失敗並說出以下內容。

「程式接收失敗，minio 不知道『每個人』是誰」

minio 就這樣一直保持沉默。

「我該不會把 minio 弄壞了吧？」

優羽臉色慘白。媽媽買的 minio 還不到一個月。

可以修好嗎？如果修不好該怎麼辦？

媽媽未必會立刻再買一台新的 minio，而且優羽在設計程式的過程中，逐漸喜歡上現在的 minio 了。

如果這台 minio 壞掉，無法再運作了呢？

「我不想這樣…」

當優羽快哭出來時，筆記本突然發出一道亮光。

然後輕輕飛在空中，在優羽面前翻開新的一頁。

冷靜一點！

沒事的。妳只是把一個不完美的程式提供給 minio 而已，設計程式時，這種情況很常見。

一開始我不是說過？**出錯也沒關係，電腦可以不斷重來。**

現在我們要修改程式的缺失，然後完成它。

優羽用力點頭。既然如此，事不宜遲。

「怎樣做才能修改程式？」

程式有缺失，電腦無法順利執行的情況**稱作電腦發生錯誤**。

錯誤是用來表示失敗或出錯的用語。

此時，必須做以下兩件事：

1. 大口深呼吸，**冷靜下來**
2. 仔細閱讀電腦出現的**錯誤訊息**

優羽按照指示深吸了一口氣之後，歪頭思考著。

「錯誤訊息？這也是程式設計的工具？」

錯誤訊息不是程式設計的工具。

錯誤訊息是**無法正確傳達程式的命令時，電腦提供「程式哪裡出錯」的提示**喔！

「哇，原來 minio 會告訴我這麼有用的訊息。那會出現在哪裡？螢幕上嗎？」

優羽盯著 minio 的螢幕，那裡顯示了這樣的內容。

「啊！這就是剛才 minio 說過的話！」

沒錯，把有缺失的程式，也就是**錯誤的程式**提供給 minio 時，minio 會拒絕接收程式，並且提供錯誤提示。

「程式接收失敗， minio 不知道『每個人』是誰」

這就是錯誤訊息喔！

「這是錯誤訊息⋯」

推測錯誤的原因

錯誤訊息就是錯誤（程式出錯）的提示。

試著透過提示思考程式的缺失，並注意訊息中的以下部分：

minio 不知道「每個人」是誰

「minio 不知道『每個人』是誰」…

優羽因為某件事陷入沉思，最近她似乎聽過類似的用語。

後來她想起來了。她抓住漂浮在空中的筆記本，翻開前面的頁面，尋找重複程式的開頭部分。

那裡這樣寫著。

還早呢！光這樣 minio 是不會動的喔！

首先，應該還有 minio 不知道的資訊吧！

所謂的「每個人」是誰呢？

※注　在第四章的115頁喔！

當時，優羽對筆記本這樣說。

「每個人是指手球社的成員，包括我、奈奈、慎吾、初樂、美娜、惠依、楓宇共 7 個人！」

但是這件事有寫在程式裡嗎？

沒有寫。程式裡沒有寫出「每個人」是誰，仍持續使用「每個人」這個名詞。

優羽大叫一聲。

「我沒有告訴 minio『每個人』是誰！」

錯誤的程式

重複次數到 7 為止的期間，重複執行以下命令

　　重複次數＝重複次數＋1

　　向每個人中的一個人傳送「今天有社團活動喔」的訊息

「minio 不知道「每個人」是誰」

該如何把「每個人」變成程式？

因為優羽注意到錯誤的原因，筆記本發出開心的光芒。

太好了！妳找到錯誤的原因了。

那麼，請根據妳知道的原因，修改錯誤程式的缺失吧！讓 minio 記住「每個人」，再使用重複程式。
以下要介紹適合使用的方便工具喔：

陣列

陣列是指電腦把多個**資料**排成一行並整合在一起的結果。

「陣列？」

優羽歪著頭看著新出現的名詞。排成一行，整合在一起是什麼意思？使用陣列有多方便？

「奈奈」或「慎吾」都是分散的單一資料。

但是把每個資料蒐集起來，組合成「每個人」之後，就能輕易對電腦下達命令。例如「計算群組中有多少資料」或「向群組中的每一個人傳送訊息」等等。

顧名思義，就是「可以一起處理」。

因此，我們要做三件事情。蒐集資料，整合成陣列，讓 minio 記住。

處理 1 排列、整合陣列的元素

處理 2 從整合的陣列中選擇一個人

處理 3 讓 minio 記住陣列

首先讓大家排成一列

└ 處理❶ 排列、整合陣列的元素

「也就是用陣列整合資料？對嗎？」

沒錯！接下來要說明陣列是什麼。

假設手球社的成員資料包括「優羽」、「奈奈」、「慎吾」、「初樂」等。

使用陣列，minio 會先把 7 個成員的資料排列、整合成一個資料。
因為排成一列，所以會加上第一、第二之類的順序。
陣列中依序排列的每個資料稱作元素。

「你是指每個社團成員會變成陣列的元素？」

沒錯。建立陣列是指「將 7 人份的元素排成一個陣列」，對 minio 下命令。

這是為了之後在**重複命令**中使用。

對 minio 說出「整合成陣列」的命令是這樣寫的。

在 [ ] 內用逗號（,）區隔元素。

[優羽 , 奈奈 , 慎吾 , 初樂 , 美娜 , 惠依 , 楓宇]

▶ 只叫出目標對象

└ 處理❷ 從整合的陣列中選擇一個人

優羽笑了出來，因為她好像看到 7 位社團成員在 [ ] 排成一列的模樣。

如果需要陣列中的一個元素，只要設定順序再呼叫就可以了。
假設要透過程式對惠依執行某件事，例如只向惠依傳送訊息。
此時，只要這樣下命令即可。

向這個陣列的第 6 個元素傳送訊息

「原來如此。就像比賽時，教練喊背號 6 號！就是在叫惠依吧！」

要用變數記住資料！

└ 處理③ 讓 minio 記住陣列

接下來要使用這個陣列修改、完成錯誤的程式。
出錯的部分是沒有告訴 minio「每個人」是誰對吧？ minio 試圖向未知的「每個人」中的一個人傳送訊息，結果失敗了。
所以要讓 minio 記住「每個人」。

「我們不是為了讓 minio 記住每個人而建立了一個陣列嗎？這就是『每個人』對吧？」

優羽指著剛才筆記本說明陣列的地方。

[優羽 , 奈奈 , 慎吾 , 初樂 , 美娜 , 惠依 , 楓宇]

很可惜，這只是把元素放入 [ ]，建立名為「每個人」的陣列。
還需要讓 minio 記住這個陣列的命令，之後才能在重複程式中使用這個陣列。
要使用什麼工具才能命令 minio 記住陣列？

「啊！是變數！」

沒錯！

之前是我決定了變數名稱，這次交給妳來試試。

這裡的

[優羽，奈奈，慎吾，初樂，美娜，惠依，楓宇]

陣列是什麼樣的資料？要用什麼名稱比較適合？

「嗯，這些是手球社的成員，所以變數名稱命名為社團成員如何？」

很好。請下命令讓變數「社團成員」指向陣列資料。只要用＝連接變數名稱與資料就行了。

社團成員＝[優羽，奈奈，慎吾，初樂，美娜，惠依，楓宇]

這樣就可以讓 minio 把「每個人」當作社團成員變數記下來。

「一個一個」呼叫社團成員的方法

現在妳已經用社團成員變數，讓 minio 記住每個人。

利用這個部分取代錯誤程式中的「每個人」吧！

「可以直接把『每個人』換成社團成員嗎？」

之前出錯的程式是以下這樣對吧？

錯誤的程式

重複次數到 7 為止的期間，重複執行以下命令

　　重複次數＝重複次數＋1

　　向每個人中的一個人傳送「今天有社團活動喔」的訊息

（錯誤部分：每個人中的一個人）

錯誤部分要改成以下這樣：

修改後的程式

重複次數到 7 為止的期間，重複執行以下命令

　　重複次數＝重複次數＋1

　　向社團成員中的一個人傳送「今天有社團活動喔」的訊息

修改部分

這樣就解決了 minio 不知道「每個人」是誰的問題了。

接下來，試著思考一下這個程式能不能執行。例如，妳覺得利用這個程式可以傳送訊息給惠依嗎？

「嗯…」

優羽盯著程式思考著，不能讓 minio 像剛才那樣，因為不知道「每個人」而失敗，造成困擾。

優羽把自己當成 minio 來閱讀程式，minio 已經知道「每個人」是誰，可是…。

「嗯，『社團成員中的一個人』這種說法是正確的嗎？如果是這樣，minio 應該不知道傳送訊息的對象是惠依吧？社團成員中的一個人，這種說法也可能是奈奈對吧？」

筆記本發出開心的光芒。

> 沒錯，妳竟然有注意到！
>
> 如果沒有清楚顯示成員中的「誰」，minio 就會覺得困擾。
>
> 每個成員都是社團成員陣列中的一個元素。
>
> 如果要使用陣列中的一個元素，該如何呼叫呢？

這個部分剛才已經操作過，所以優羽記得並大聲回答。

「設定順序再呼叫！」

答對了！

惠依是第 6 個，所以想傳送訊息給惠依時，只要把「社團成員中的一個人」變成「社團成員的第 6 個人」，這樣 minio 就知道傳送訊息的對象了。

> 向社團成員的第 6 個人傳送「今天有社團活動喔」的訊息

▶ 重複過程中逐一增加順序

優羽以解開所有謎團的心情說道。

「這樣的話，只要把剛才在重複程式中，傳送訊息的部分改成**向社團成員的第 6 個人傳送『今天有社團活動喔』的訊息**就可以了吧？」

正是如此，以下做個總結：

重複次數＝ 0
社團成員＝［優羽，奈奈，慎吾，初樂，美娜，惠依，楓宇］

重複次數到 7 為止的期間，重複執行以下命令
　　重複次數＝重複次數＋ 1
　　向社團成員的第 6 個人傳送「今天有社團活動喔」的訊息

畫成圖表的話，是以下這樣：

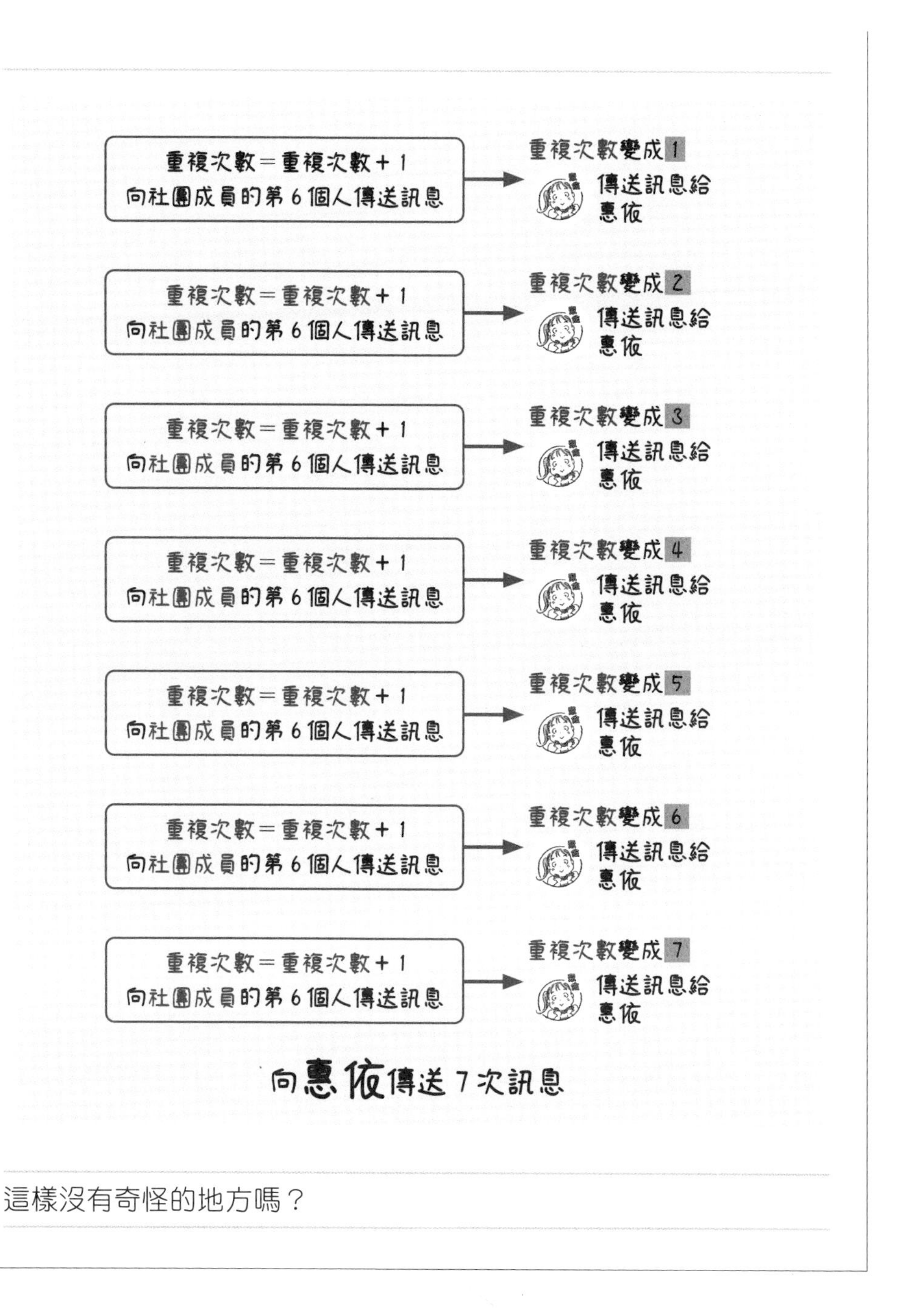

這樣沒有奇怪的地方嗎？

優羽看著筆記本畫的圖，馬上就注意到筆記本說的「奇怪的地方」。

「這樣就會傳送 7 次訊息給惠依了！」

沒錯。妳想做的事是把訊息逐一傳送給社團成員，所以這個程式似乎還無法達到妳的要求。

該如何調整這張圖的某個地方才能讓程式正常執行呢？

優羽重新看過這張圖，因為**社團成員**的第 6 個人是惠依，所以…。

「如果把社團成員的第幾個人變成第 1 個人、第 2 個人、第 3 個人，應該就可以傳送訊息給每個人了。這樣做得到嗎？」

很好，當然沒問題喔！

在重複程式中，可以逐一增加計算「第幾個人」的順序喔！

準備一個名為「順序」的變數，而且第一個數字設定為 0。

首先，第一次重複時，順序加 1，從 0 變成 1，利用這個順序，選擇第 1 個元素，向該對象傳送訊息。

接著重複時，順序加 1，從 1 變成 2，選擇第 2 個元素，並向該對象傳送訊息。

重複執行直到第 7 個為止。

優羽在腦中整理筆記本說的內容，**順序**是每次重複加 1，變成 1、2、3…。

「咦？這不就和在重複程式中計算**重複次數**一樣？我是不是能按照相同方式來寫？把**重複次數**變成變數加 1 就可以了吧？

順序＝ 0 或**順序**＝**順序**＋ 1 之類的…」

沒錯！

而且我們可以使用**順序**設定的數字選出傳送訊息的對象。

社團成員的第 2 個人

更改「2」這個部分

社團成員的第**順序**個人

變成以上這樣。

這個**順序**指向 1 時是優羽，2 是奈奈，隨著每次重複不斷改變。

把到目前為止的程式組合起來，就變成以下這樣。

```
重複次數＝ 0
順序＝ 0
社團成員＝［優羽，奈奈，慎吾，初樂，美娜，惠依，
楓宇］

重複次數到 7 為止的期間，重複執行以下命令
    重複次數＝重複次數＋ 1
    順序＝順序＋ 1
    向社團成員的第順序個人傳送「今天有社團活動
    喔」的訊息
```

這樣就可以逐一傳送訊息給 7 個社團成員了。

如果用圖表示，就像以下這樣：

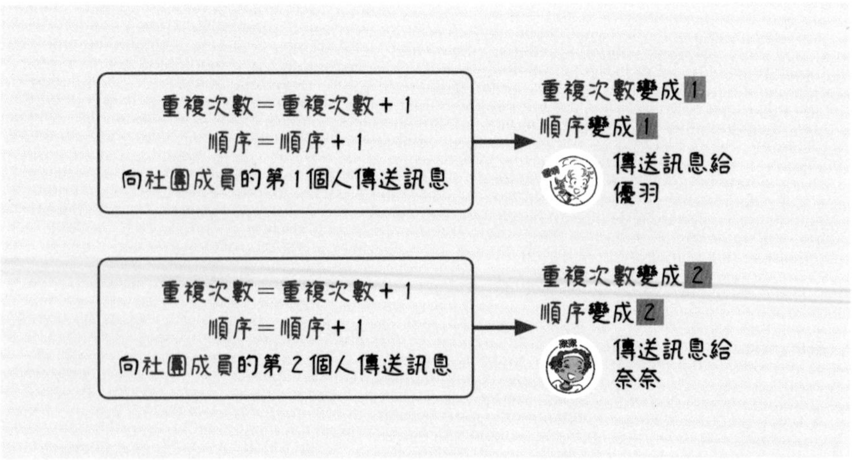

重複次數＝重複次數＋1
順序＝順序＋1
向社團成員的第3個人傳送訊息

→ 重複次數變成 3
順序變成 3

傳送訊息給慎吾

重複次數＝重複次數＋1
順序＝順序＋1
向社團成員的第4個人傳送訊息

→ 重複次數變成 4
順序變成 4

傳送訊息給初樂

重複次數＝重複次數＋1
順序＝順序＋1
向社團成員的第5個人傳送訊息

→ 重複次數變成 5
順序變成 5

傳送訊息給美娜

重複次數＝重複次數＋1
順序＝順序＋1
向社團成員的第6個人傳送訊息

→ 重複次數變成 6
順序變成 6

傳送訊息給惠依

重複次數＝重複次數＋1
順序＝順序＋1
向社團成員的第7個人傳送訊息

→ 重複次數變成 7
順序變成 7

傳送訊息給楓宇

每個人傳送一次，全部共7次

讓週三手球社程式變得更方便

哇！優羽拍著手。

「該不會我想做的事全都完成了？」

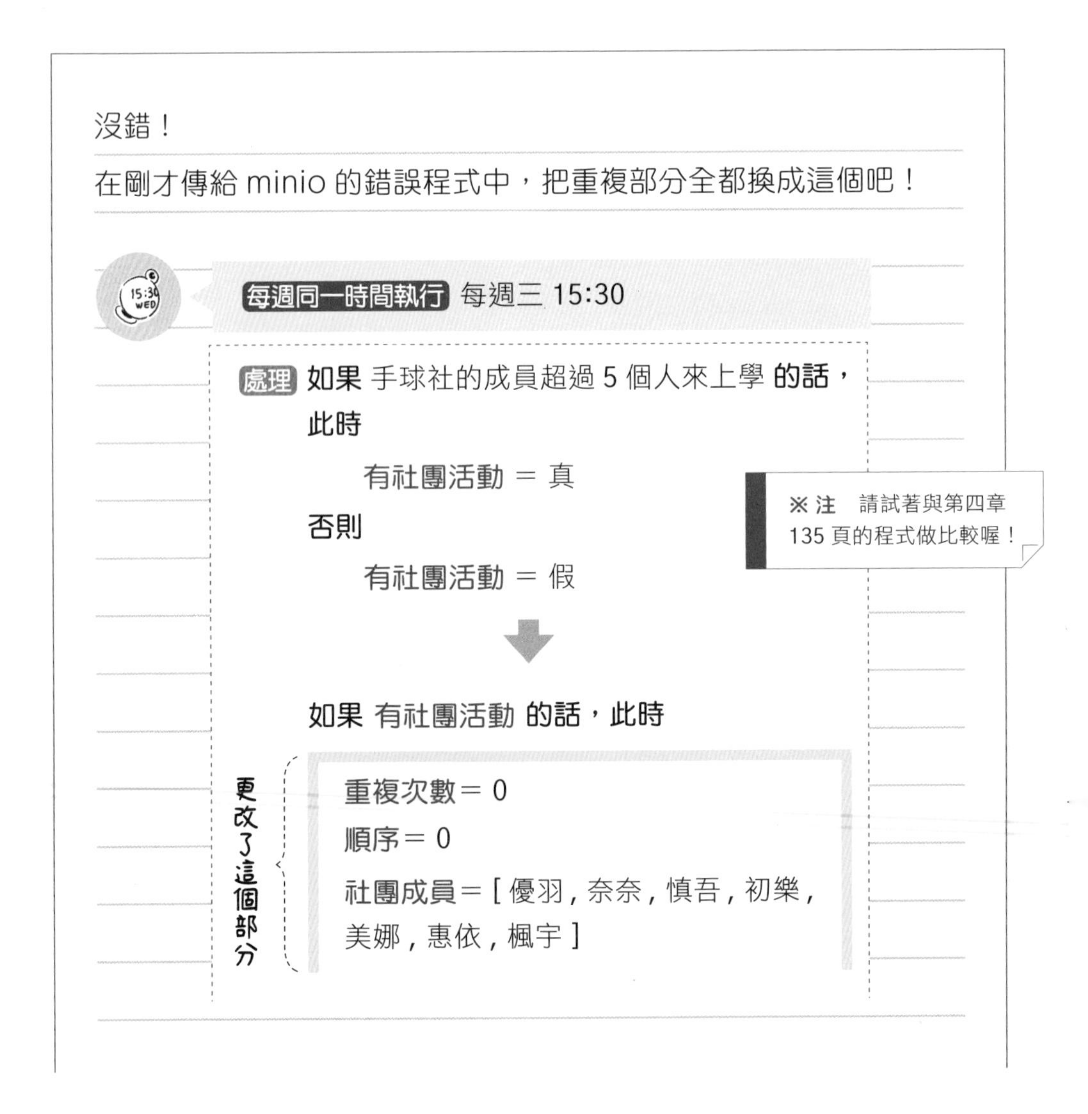

更改了這個部分

重複次數到 7 為止的期間，重複執行以下命令

重複次數＝重複次數＋ 1

順序＝順序＋ 1

向社團成員的第順序個人傳送「**今天有社團活動喔**」的訊息

否則

更改了這個部分

重複次數＝ 0-

順序＝ 0

社團成員＝［優羽，奈奈，慎吾，初樂，美娜，惠依，楓宇］

重複次數到 7 為止的期間，重複執行以下命令

重複次數＝重複次數＋ 1

順序＝順序＋ 1

向社團成員的第順序個人傳送「**今天有社團活動喔**」的訊息

輸出 「今天有社團活動喔」或「今天沒有社團活動喔」的訊息

筆記本邊緣的紅光消失，變成藍光。優羽鬆了一口氣。

「這樣應該可以讓 minio 順利運作了吧？」

嗯，已經可以執行了！
妳修正了錯誤，完成能正常執行的程式了，
有了這個程式，minio 就能按照妳的期望執行工作喔！把這個程式傳給 minio 吧！

優羽用力地點點頭，因為她希望快點看到 minio 正常運作的狀態。

「minio ！」

優羽朝著 minio 翻開筆記本，優羽寫好的程式發出藍光，被 minio 吸進去。

「儲存新程式。這個程式的名稱是？」

minio 的反應和平常一樣，優羽放下心中的大石頭，並產生一種奇妙的感覺。

優羽一開始是為了自己而設計週三手球社程式，用來解決無法輕易確認有無社團活動的困擾。

把這個程式變成可以傳送訊息給所有社團成員的程式，就能解決大家的問題。

這個為自己而寫的程式對大家都有幫助！

優羽抬頭挺胸地說道：

「這個程式的名稱是『週三通知手球社每個人的程式』！」

「『週三通知手球社每個人的程式』儲存完畢」

minio 發出叮咚的聲音。

本章重點整理

優羽把錯誤訊息當作線索，找出錯誤原因，完成了程式！同時也學會陣列這個新工具。

錯誤訊息、陣列

【錯誤】有問題，使得電腦無法正常執行，例如程式錯誤等。

【錯誤訊息】電腦告訴我們的錯誤提示。

【陣列】把分散的資料排列之後加上順序，整合成資料集合。

第六章

吵架與加油訊息

本章的關鍵字

函數

▶ 第一次比賽：紗希的訊息

在平常放學回家的路上，惠依臉色蒼白。

「如果比賽輸了怎麼辦？會給大家造成困擾的！」

明天是手球隊比賽的日子，這是優羽他們第一次和其他學校的隊伍比賽。

「別擔心啦！我們練習很久了。」

優羽鼓勵著惠依，卻對惠依造成了反效果，惠依一臉快哭出來的樣子。

「因為我打的最差啊！優羽很厲害，根本不用擔心。」

「哪有，其實我也很緊張啊！」

結果惠依用比較強烈的口氣說道。

「高手的緊張和普通人的緊張完全不一樣，不能相提並論！」

聽到惠依這麼說，優羽無言以對，她不知道該怎麼做，卻也覺得惠依的說法不公平。

走到路口，惠依與優羽都沒有講話，分別往自己的家走去。

優羽拖著沉重的步伐走回家。其實一想到明天的比賽，優羽也很煩躁不安，再加上與惠依吵架，更是雪上加霜。

此時，minio 告訴優羽收到一則訊息，是隔壁的大姊姊紗希傳來的。紗希在上國中之前，和優羽一樣也是手球社的成員，也就是說，她是社團的學姐。

在 minio 的視窗中顯示的訊息是這樣寫的。

明天是妳第一次比賽對吧？

身為手球社的學姐，我蒐集了幫你們加油的訊息。這些訊息是已經畢業的前輩們，還有你們的爸爸媽媽以及教練們寫的喔！

因為訊息很多，所以統一傳送到優羽的 minio，妳再把訊息傳給社團成員吧！

接著 minio 突然開始振動。

優羽驚訝地看了一下，竟然收到 30 則訊息。紗希似乎把不同人的訊息逐一傳過來。

拿出練習的成果，放輕鬆，好好加油喔！
紗希

我會幫你們加油的！全力以赴吧！
優羽的媽媽

優羽邊打開每一則訊息邊點頭，心情卻是「憂、喜」參半。

的確，手球社的成員們現在應該充滿焦慮不安的情緒，這些加油的訊息一定可以為大家帶來勇氣。

但是這麼多的訊息要一個一個傳送給每個人似乎很困難。

此時，又收到一則新訊息，這也是紗希傳來的。

要把所有訊息傳送給大家應該不容易，所以我把它變成一個方便的輔助程式，妳可以讓 minio 讀取並使用！
（詳細的用法去問魔法筆記本吧！）

這麼說來，紗希在最後的訊息附了一個檔案，這似乎就是「輔助程式」。

換句話說，紗希建議可以寫程式把訊息傳送給每個人。

優羽打起精神，認為應該馬上就可以完成傳送大量加油訊息給每個人的程式，而且說不定也可以趁機與惠依和好。她隱約感覺應該會沒事的。

畢竟優羽有設計程式的經驗！

▶ 設計傳送加油訊息的程式

優羽一走進房間，就翻開筆記本大聲說道。

「我想傳送加油訊息給手球社的每個成員！」

一如往常，筆記本開始發光。

歡迎回到程式設計的世界！今天

想做的事：傳送加油訊息給手球社的每個成員

對吧？

那麼，和平常一樣，先想一想輸入、處理、輸出的流程吧！

稍後再思考處理的部分，先從輸入與輸出開始著手。

妳說了什麼之後，minio 會開始執行這個程式？

妳希望從 minio 那裡得到什麼結果？

優羽想了一下，這與之前通知有沒有手球社活動的程式不同，這次不需要在每週三重複執行。

「輸入應該是我說『傳送加油訊息給每個人』吧！」

優羽接著思考輸出。

紗希蒐集的加油訊息有30則。

優羽想起剛才紗希傳送30則訊息時的情況。老實說，一一打開訊息再閱讀真的有點麻煩。

如果合併成一則訊息，一次看完會比較輕鬆吧！比方說，像右邊的訊息，應該比較容易閱讀。

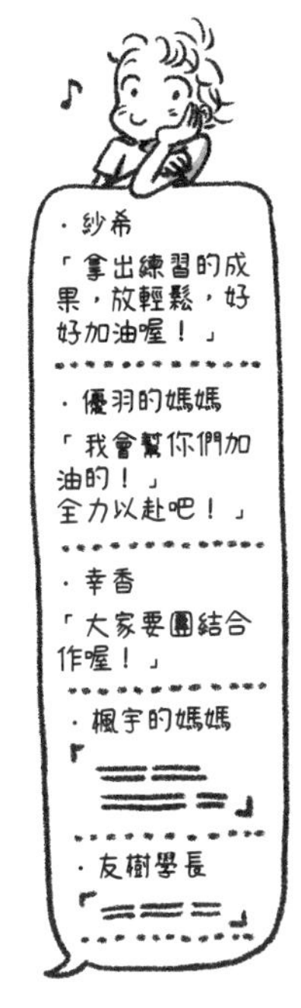

・紗希
「拿出練習的成果，放輕鬆，好好加油喔！」
・優羽的媽媽
「我會幫你們加油的！」
…

「我決定了！輸出是合併成一則加油訊息，然後傳給大家。」

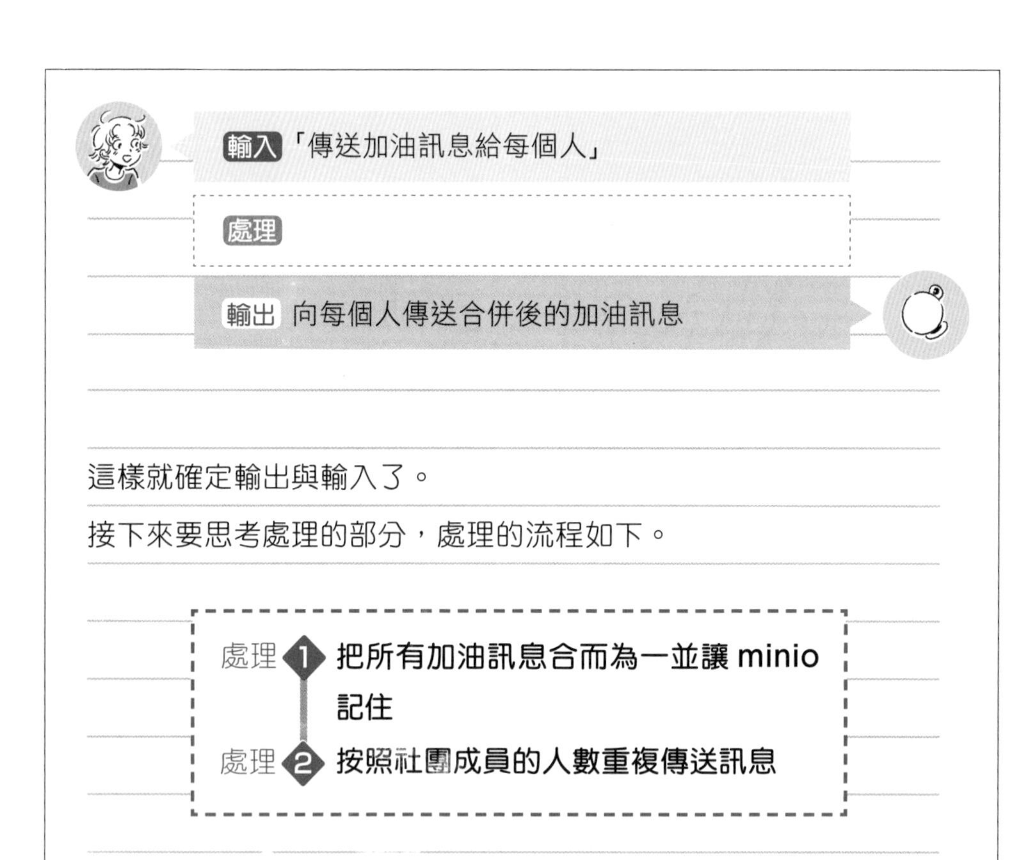

這樣就確定輸出與輸入了。

接下來要思考處理的部分，處理的流程如下。

處理 1 把所有加油訊息合而為一並讓 minio 記住

處理 2 按照社團成員的人數重複傳送訊息

▶ 紗希提供了什麼樣的程式？

└ 處理❶ 把所有加油訊息合而為一 並讓 minio 記住

「首先，只要把所有加油訊息合併起來就可以了吧！」

優羽思考著，該怎麼做才可以把 30 則加油訊息合而為一？

「嗯，是不是讓 minio 讀取這些訊息再拼起來呢？」

優羽的臉色沉了下來，覺得好像有點困難。

概念大致是這樣！這種程式也可以從頭開始寫起，但是這次紗希已經寫好了輔助程式，所以不用這麼麻煩，比較輕鬆喔！

「咦，可以不用寫程式嗎？」

是的。妳可以不用設計「把所有加油訊息合而為一」的程式。

剛才紗希在訊息中提到「要分別向每個人傳送訊息很麻煩，所以我先設計了比較方便的輔助程式」對吧？

紗希幫妳準備了「把所有加油訊息合而為一」的程式，並且隨著訊息一起傳過來了。

函數

名稱：把所有加油訊息合而為一

省略詳細的程式

執行的工作：

- 逐一閱讀加油訊息並合而為一
- 傳回合併後的訊息

只要使用這個程式，minio 就會讀取 30 則加油訊息並合而為一。

「這樣就行了嗎？」

優羽非常驚訝，因為她覺得要把 30 則簡訊合併起來很不容易。

紗希是不是使用了什麼魔法？

這樣就行了！

因為紗希使用了程式中的特殊工具來幫妳準備「把所有加油訊息合而為一」的工作。

紗希使用的特殊工具是以下這個喔：

函數

「這是新的工具耶！」

優羽點了點頭，因為她剛好也在想新工具應該差不多要出現了吧！

所謂的函數是把程式中的一組工作合併再命名的工具喔！所以**函數是由「名稱」與「執行的工作」組成的**。

紗希給妳的程式是以下這個：

名稱　把所有加油訊息合而為一

執行的工作　‧逐一讀取加油訊息並合而為一

‧傳回合併後的訊息

「嗯，**『把所有加油簡訊合而為一』**是函數的名稱！？好長而且也不像名稱！」

沒錯，但是函數的名稱只要「能明確表示該函數執行的工作」就可以了。因為明確的名稱比較容易瞭解該函數所執行的工作。

▶ 新工具「函數」是勤勞的工作者

└ 處理❶ 把所有加油訊息合而為一 並讓 minio 記住（後續）

「有了這個函數，就可以把訊息合併起來嗎？」

是的。不過如果只設定「名稱」與「執行的工作（處理）」，函數仍無法發揮作用。當妳想啟動函數時，必須在程式中呼喚函數的名稱，這個動作稱作**呼叫**函數。

「呼叫？」

沒錯。

在妳設計的程式中，只要這樣做就可以讓函數發揮作用。

呼叫「**把所有加油訊息合而為一**」函數

換句話說，在妳寫的程式中，要**呼叫**紗希為妳準備的「**把所有加油訊息合而為一**」函數，啟動這個函數。

「在我寫的程式中，命令紗希準備的函數『喂！**把所有加油訊息合而為一**。開始工作吧！』這樣的感覺？」

沒錯，就是這樣！
被命令的函數會執行已經分配給自己的工作，以紗希設計的函數為例：

· 逐一讀取 30 則訊息
· 把讀取後的結果合併成一則訊息

就是指以上這兩個工作。
接著，紗希的函數會把工作中產生的資料傳回給下命令「開始工作吧！」的程式。

「傳回是什麼意思？」

函數會傳回資料當作執行後的結果喔！

完成指定工作的函數，會把執行後產生的資料傳回給呼叫端，當作回覆，這稱作**傳回值**。

「咦，『傳回』是傳回答案的傳回啊…」

原來如此，優羽點了點頭，接著注意到一件事。

「啊！這樣的話，只要把這個函數合併後的加油訊息傳給手球社的每個人，就完成程式了？」

讓 minio 記住合併後的訊息

└ 處理❶ 把所有加油訊息合而為一 並讓 minio 記住（後續）

只要把函數合併後的加油訊息傳送出去，這個程式就完成了。
但是，如果要傳送加油訊息，必須讓 minio 記住函數傳回的資料，應該怎麼做呢？

優羽回答了她很熟悉的名詞。

「使用變數對吧？」

沒錯！所以要設定變數的名稱。
妳想用什麼名稱讓 minio 記住函數傳回的「合而為一的加油訊息」資料？

「這個嘛…『合而為一的加油訊息』太長了，我想命名為加油訊息！」

好的，那麼就用**加油訊息**變數讓 minio 記住「**把所有加油訊息合而為一**」函數傳回的「合而為一的加油訊息」吧！
寫法如下。

加油訊息＝呼叫「**把所有加油訊息合而為一**」函數

優羽靈光一閃，不加思索地說道。

「這個＝就是寫在程式中，會先考慮右邊的奇怪規則吧！」

沒錯。在獎勵點數的程式中有用過。
換句話說，這個程式的執行順序是以下這樣。

※注　說明請見第二章 68～70 頁喔！

（1）　呼叫「**把所有加油訊息合而為一**」函數
　　→函數執行工作，產生合而為一的加油訊息

（2） 加油訊息＝

→「加油訊息」變數指向（1）函數產生的訊息

「嗯嗯，讓 minio 用**加油訊息**這個變數記住函數產生的資料對吧？」

沒錯，總而言之，

處理❶ 把所有加油訊息合而為一並讓 minio 記住

只要用一行程式就可以完成這項工作。

加油訊息＝呼叫「**把所有加油訊息合而為一**」函數

接下來是以下這個：

處理❷ 依照社團成員的人數重複傳送訊息

使用週三手球社程式

└ 處理❷ 依照社團成員的人數重複傳送訊息

優羽想到一件事便詢問了筆記本。

「這個和前面設計的『週三通知手球社每個人的程式』很像吧？」

沒錯，應該可以使用之前設計的程式。
就是以下傳送訊息給每個人的程式：

※注　說明請見第五章的 162 頁喔！

```
重複次數＝ 0
順序＝ 0
社團成員＝［優羽，奈奈，慎吾，初樂，美娜，惠依，楓宇］

重複次數到 7 為止的期間，重複執行以下命令
    重複次數＝重複次數＋ 1
    順序＝順序＋ 1
    向社團成員的第順序個人傳送「今天沒有社團活動喔」的訊息
```

修改這個程式的哪個部分，就可以傳送加油訊息給每個人呢？

優羽胸有成竹地回答。

「這很簡單！只要在

向社團成員的第順序個人傳送「今天沒有社團活動喔」的訊息

把『今天沒有社團活動喔』改成傳送『**加油訊息**』就行了吧？」

沒錯。

組合處理 1 把所有加油訊息合而為一並讓 minio 記住的程式，就變成以下這樣：

重複次數＝ 0
順序＝ 0
社團成員＝［優羽，奈奈，慎吾，初樂，美娜，惠依，楓宇］
加油訊息＝呼叫「**把所有加油訊息合而為一**」函數

重複次數到 7 為止的期間，重複執行以下命令
　　重複次數＝重複次數＋ 1
　　順序＝順序＋ 1
　　向社團成員的第順序個人傳送「加油訊息」

優羽將程式從頭到尾檢查了一遍，然後滿意地點點頭，因為她認為自己想做的事已經都寫出來了，筆記本的邊緣也發出藍光。

「太好了，這樣就完成了。」

順利完成這次的程式讓優羽鬆了一口氣。

「minio ！」

優羽呼喚 minio，打算把剛才完成的程式交給 minio。

優羽想起今天回家時，與惠依不歡而散的情況，她希望藉由這個訊息能與惠依和好…。

此時，minio 的螢幕發光並說道。

「收到新訊息」

優羽心想，如果是惠依傳來的就好了，她看了一下 minio 的螢幕。

但是傳送訊息的人是手球社的教練，優羽覺得很失望，而且有不好的預感，因為每次教練傳來的訊息通常都是麻煩的要求！

優羽戰戰兢兢地打開了訊息。

本章重點整理

優羽學會了使用函數的方法，並運用了紗希提供的「把所有加油訊息合而為一」函數。

函數

合併程式中的一組工作，加上名稱。在程式中呼叫函數名稱，就可以執行該項工作。

下一章會出現比函數更方便的工具喔！

第七章

利用程式和好

本章的關鍵字

函數的引數

▶新的「麻煩事！」

優羽完成了向每一位社團成員傳送加油訊息的程式。接著，優羽思考著，能不能利用這個訊息和剛才吵架的惠依和好呢？

此時，收到手球社教練傳來的新訊息。

> 明天的集合地點從體育館改成美空町公車站。
> 請通知所有社團成員更改地點的事情。
> 盡全力享受明天的比賽吧！

優羽不滿地噘起嘴巴。

手球社的教練是一個非常好的人，但是他卻自作主張把優羽當作聯絡窗口，經常像這樣，拜託優羽轉達一些重要的訊息給社團成員。

為了確保沒有漏掉任何一個人，優羽每次都要確認好幾次，她認為這是一件麻煩的苦差事。

但是，現在的優羽不想計較這件事。

因為只要在剛才設計的「傳送加油訊息給每個人的程式」，加上「傳送通知更改集合地點的程式」就可以了！

▶ 傳送兩個訊息的程式

優羽想與筆記本討論，就再次翻開筆記本。

筆記本上浮現出已經明白狀況的新文字。

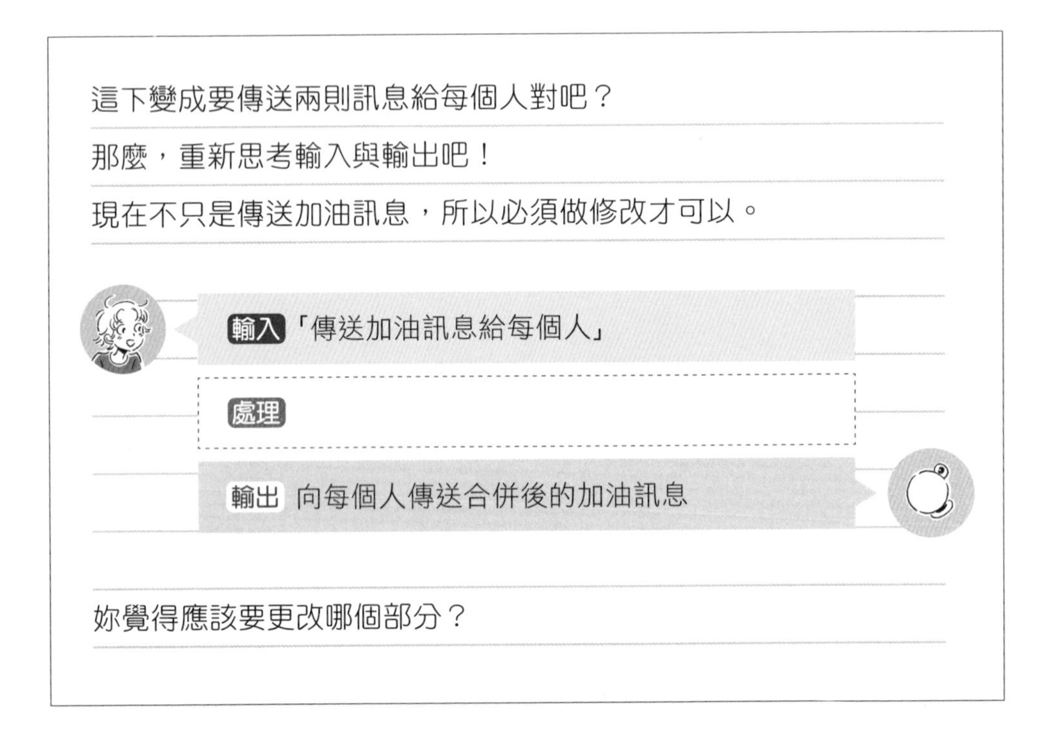

「嗯，輸入『傳送訊息給每個人』應該不用改。因為增加了一個訊息，所以輸出應該是『向每個人傳送合併後的加油訊息以及通知更改集合地點的訊息』吧！」

輸入 「傳送加油訊息給每個人」

處理

輸出 向每個人傳送合併後的加油訊息以及通知更改集合地點的訊息

沒錯！那麼，如此一來，處理會變得如何呢？

優羽稍微想了一下便回答：

「我想分別傳送這兩個訊息給每位社團成員，所以只要把剛才的程式寫兩次，更改傳送的訊息內容就可以了。」

優羽想到的是以下這樣的程式，首先是傳送加油訊息的程式：

```
重複次數＝0
順序＝0
社團成員＝[優羽，奈奈，慎吾，初樂，美娜，惠依，楓宇]
加油訊息＝呼叫「把所有加油訊息合而為一」函數
```

```
重複次數到 7 為止的期間，重複執行以下命令
    重複次數＝重複次數＋ 1
    順序＝順序＋ 1
    向社團成員的第順序個人傳送「加油訊息」
```

把訊息的內容換成「明天的集合地點改成美空町公車站喔」，設計另一個程式。

```
重複次數＝ 0
順序＝ 0
社團成員＝ [ 優羽，奈奈，慎吾，初樂，美娜，惠依，楓宇 ]

重複次數到 7 為止的期間，重複執行以下命令
    重複次數＝重複次數＋ 1
    順序＝順序＋ 1
    向社團成員的第順序個人傳送「明天的集合地點改成美空町公車
    站喔」的訊息
```

筆記本開心地閃爍著藍光。

嗯嗯，這樣應該就可以完成妳想做的事了。

「太好了！」

優羽想馬上呼喚 minio，但是筆記本卻啪噠啪噠的翻頁，阻止了優羽。

但是，等一下。
你之後應該也常會向每位社團成員傳送訊息吧？

優羽想起一個月總有一兩次會收到教練要求幫忙傳話的情況。

「嗯，偶爾……或許算經常吧！」

這樣妳每次都要想起剛才的程式、改變訊息的內容、設計新程式，有點麻煩吧？
所以，妳要不要試著設定傳送訊息給每位社團成員的函數？

▶ 可以自行設定函數 !? 第一步要先命名

優羽很驚訝，反覆看了筆記本上的內容。

「我可以自己設定函數！？」

當然！紗希可以設定函數，妳也可以喔！

只要呼叫函數的名稱，就可以不斷重複執行已經設定好的工作。

當妳認為**相同的程式出現很多次**時，**就是設定函數的好時機**。

「我要試，我想試著設定看看！」

優羽興奮地大聲說道，因為她心裡認為紗希會設定函數很酷。

那麼，立刻來試看看吧！

我說過函數是由「**名稱**」與「**執行的工作（處理）**」構成的，對吧？

※注　請見第六章的 180 頁喔！

函數的名稱只要設定成**可以立刻瞭解該函數執行何種工作**就可以。
所以第一步要決定函數的名稱，妳想設定執行什麼工作的函數？這就會成為函數的名稱喔！

優羽歪著頭思考著。紗希建立了名為「**把所有加油訊息合而為一**」的函數。

根據這個概念，把想做的事設定成函數名稱的話…。

「『**傳送訊息給社團成員**』這個名稱如何？」

不錯喔！

▶ 設定函數的處理內容

接下來要寫出函數的內容，也就是「**執行的工作（處理）**」。
剛才我說過，當妳覺得**寫的程式都一樣**時，就是建立函數的好時機對吧？
變成函數的最佳時機是在寫出相同程式的時候。
「傳送加油訊息的程式」與「傳送訊息，通知更改集合地點的程式」哪個部分是一樣的？

「咦，除了傳送訊息的內容之外，其他全都一樣。」

沒錯，看起來應該都可以變成函數。

「可是訊息的內容不一樣對吧？現在是加油訊息與更改集合地點的訊息。」

優羽有點擔心。

筆記本說過，函數可以「執行已經設定的工作」。這樣就算建立了函數，也只能傳送已經設定好的訊息不是嗎？

程式 1：傳送加油訊息的程式

```
重複次數＝0
順序＝0-
社團成員＝[優羽，奈奈，慎吾，初樂，美娜，惠依，楓宇]
加油訊息＝呼叫「把所有加油訊息合而為一」函數

    重複次數到 7 為止的期間，重複執行以下命令
    重複次數＝重複次數＋1
    順序＝順序＋1
    向社團成員的第順序個人傳送「加油訊息」的訊息
```

程式 2：傳送訊息，通知更改集合地點的程式

```
重複次數＝0
順序＝0-
社團成員＝[優羽，奈奈，慎吾，初樂，美娜，惠依，楓宇]

重複次數到 7 為止的期間，重複執行以下命令
    重複次數＝重複次數＋1
    順序＝順序＋1
    向社團成員的第順序個人傳送「明天的集合地點改成美空
    町公車站喔」的訊息
```

除了傳送訊息的內容，其他全都一樣！

嗯嗯，也就是說，

· 希望利用函數，**讓 minio 執行多次相同工作**，傳送訊息給每一位社團成員

· 但是每次傳送時，也就是呼叫函數時，**希望改變傳送的訊息**

剛好有適合這種情況使用的程式設計工具喔！那就是

引數

使用引數改變每次傳送的訊息

「引數，聽起來很有趣耶！」

嗯，這個唸法很有趣的**引數**能讓函數變得非常方便喔！

在呼叫函數的程式中，執行相同工作的函數可以利用引數來修改其中一部分。

假設有個名稱為**傳送訊息給社團成員**的函數，我們來看看呼叫該函數的程式有什麼變化。

如果是不需要引數，每次傳送固定訊息的函數，會變成以下這樣。

呼叫「**傳送訊息給社團成員**」函數

但是如果每次想傳送不同的訊息，就要在呼叫的函數加上引數。

若要分別傳送加油訊息與「明天的集合地點改成美空町的公車站喔」的訊息，會變成以下這樣。

呼叫「**傳送訊息給社團成員**」函數
（引數：加油訊息）
呼叫「**傳送訊息給社團成員**」函數
（引數：明天的集合地點改成美空町公車站喔）

「增加了引數的部分啊！」

沒錯，被呼叫的函數會變成以下這樣。

函數

名稱：把所有加油訊息合而為一

引數名稱：訊息本文

執行的工作：
重複次數＝0
順序＝0
社團成員＝［優羽，奈奈，慎吾，初樂，美娜，惠依，楓宇］

重複次數到7為止的期間，重複執行以下命令
　　重複次數＝重複次數＋1
　　順序＝順序＋1
　　向社團成員的第順序個人傳送「訊息本文」的訊息

「還加上了引數名稱啊！」

嗯，**引數也是命名後再使用**。

在這個函數的程式中，引數的名稱為「**訊息本文**」。

在其他程式呼叫函數時，會用到函數名稱，而引數名稱只在函數的處理中使用。

試著找出在哪裡使用了引數名稱吧！

優羽仔細觀察筆記本上繪製的函數圖，立刻找到並指出來。

「啊，就是這裡！」

向社團成員的第順序個人傳送「訊息本文」的訊息

答對了！

在這個處理中，使用「訊息本文」的地方，就是以社團成員為對象，傳送何種訊息的部分。

引數「訊息本文」是在呼叫時才設定的。

換句話說，每次命令這個函數「喂！**把訊息傳送給社團成員**。開始工作吧！」就像告訴這個函數要這樣做。

> 呼叫「**傳送訊息給社團成員**」函數
> （引數：加油訊息）

所以，訊息本文會變成「加油訊息」。

> 呼叫「**傳送訊息給社團成員**」函數
> （引數：明天的集合地點改成美空町公車站喔）

這樣的話，訊息本文就變成「明天的集合地點改成美空町公車站喔」。

「啊！我懂了！這個程式就是在說
『喂！「**傳送訊息給社團成員**」函數啊！開始工作吧！傳送的訊息本文是：明天的集合地點改成美空町公車站喔』。」

沒錯。

每次呼叫函數時，當作引數提供的部分就是**訊息本文**的內容。換句話說，每次呼叫時都會改變。

「引數真的很方便耶！」

因此，只要先建立包含引數的「**傳送訊息給社團成員**」函數，妳就只要寫出以下程式。

輸入「傳送訊息給每個人」

處理 加油訊息＝呼叫「把加油訊息合而為一」函數

呼叫「**傳送訊息給社團成員**」函數（引數：加油訊息）

呼叫「**傳送訊息給社團成員**」函數（引數：明天的集合地點改成美空町公車站喔）

輸出 向每個人傳送合而為一的加油訊息與通知更改集合地點的訊息

這樣就完成了。

魔法與程式設計

優羽檢視完成的程式，看起來簡潔、一目瞭然，而且優羽想做的事也都寫出來了。

「哇！這樣的話，只要呼叫函數兩次就可以完成處理，真的非常…非常…」

優羽苦惱著找不到適合的詞彙來形容自己的心情。

剛開始，優羽覺得函數就像魔法。不，對優羽來說，所有程式設計都像魔法一樣。

但是，和虛幻的魔法不同，**「傳送訊息給社團成員」**函數是自己設計的，所以知道內容是什麼，前面的程式也都是如此。動手設計，聽取說明，就可以瞭解會發生什麼事。

程式設計雖然像魔法一樣神奇，但是徹底瞭解之後，就會恍然大悟。

優羽找到貼切的形容詞並露出微笑。

「非常像程式設計呢！」

筆記本突然發出從沒見過的明亮白光。

「哇，怎麼了！？」

抱歉，我太高興了，所以忍不住發光。

這樣妳就學會了程式設計的各種工具與用法了。

· 輸入、處理、輸出
· 變數
· 條件分歧
· 重複
· 陣列
· 函數與引數

相信妳已經瞭解程式設計重要的思考方法。

把這裡提到的思考方法組合起來，將來就能設計出各式各樣的程式，發揮 minio 的實力。不論是對妳有幫助的程式，或是協助妳實現目標的程式，都可以設計出來。

那麼，把妳現在設計的程式提供給 minio 吧！

筆記本恢復平靜後，優羽拿起筆記本，呼喚 minio，筆記本上的程式發出藍光。

「minio ！」

優羽對著飄過來的 minio 打開筆記本，程式依舊發出藍光，接著被 minio 吸進去。

「儲存新程式，程式的名稱是什麼？」

優羽想了一下，這是為了明天的重要比賽傳遞加油訊息、通知更改集合地點的程式，所以…。

「這個程式的名稱是『為明天比賽加油與傳送通知的程式！』」

「程式儲存完畢」

優羽心滿意足地鬆了一口氣，覺得如釋重負。

筆記本似乎有點慌忙地浮現出文字。

別忘了執行程式喔！
如果妳沒有輸入『傳送訊息給每個人』，minio 就不會傳送訊息喔！

「啊！對喔！ minio『傳送訊息給每個人』！」

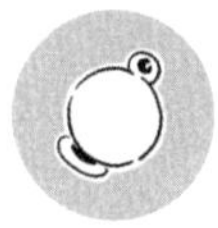

「瞭解」

minio 的螢幕上一度出現訊息傳送中的圖示，隨後馬上就消失了。這樣應該就能把加油訊息，以及通知更改集合地點的訊息傳給 7 個人。傳送兩則訊息給 7 個成員對 minio 來說，應該一眨眼就能完成。

優羽焦躁地想著，惠依應該也收到這些訊息了吧！

和優羽吵架的惠依收到這些訊息後會怎麼想呢？

此時，minio 通知收到新訊息。

是惠依傳來的。

看到大家的加油訊息，給了我很大的鼓勵。
謝謝。

對不起，剛才說了不好聽的話。
明天的比賽一起加油吧！

優羽很高興，不禁笑了出來，接著急著回覆訊息。

我也很抱歉。
明天一起開心的比賽吧！

本章重點整理

最後一章優羽設定了「傳送訊息給社團成員」函數並且使用它，同時也學會「引數」這個讓函數變得更方便的工具。

引數

這是讓函數變方便的程式設計工具。如果在函數執行的工作中，包含了每次呼叫時，都會改變的地方，可以在呼叫端設定決定這個動作的資料。

到目前為止，介紹了許多執行基本程式設計的工具，請複習每章的總結，重新回想看看喔！

後記

優羽和平常一樣，在 7 點前起床。

洗完臉，走到客廳，桌上有媽媽準備好的早餐，而且在 minio 的螢幕上，顯示了一則媽媽給優羽的留言。

早安，有時間的話，幫忙打開洗碗機，把碗洗乾淨吧！可以給妳獎勵點數喔！

優羽開心地笑著，開始吃早餐。她把早餐的餐具放進洗碗機，倒入專用清潔劑，打開洗碗機的開關。

和平常一樣，對 minio 說道。

「minio，增加獎勵點數」

「目前的獎勵點數是 16 點」

優羽點點頭。之前想買的藍色球鞋已經到手了，現在在 minio 輸入的新目標是購買遊戲軟體。

優羽順便問了 minio 另一件事。

「今天要攜帶什麼物品？」

「笛子、繪畫工具」

「什麼！今天也要帶笛子啊！」

優羽回到房間，拿起放著笛子的袋子，完成所有上學的準備。她在玄關穿上藍色球鞋，朝著媽媽的房間說「我出門了」，接著打開大門去上學。

外面十分悶熱，快要放暑假了。

「優羽，早安。」

「紗希姐，早安，好熱啊！」

優羽碰到穿著制服的紗希和她的 minio，紗希露出涼爽的表情。

「妳可以啟動 minio 內建的風扇啊！」

聽到紗希這麼說，優羽吃驚地對著自己的 minio 說道。

「啊，對耶！ minio，啟動風扇！」

聽到優羽的聲音，minio 吹出涼爽的微風，優羽吐了一口氣。

「我都忘了可以啟動風扇。」

「如果 minio 可以自動依照溫度啟動風扇就更方便了！」

「啊，說的也是！」

優羽思考著，把氣溫達到幾度以上當作條件比較適合呢？需要其他條件嗎？為了避免一直開著，可能也要一併設定關閉風扇的條件吧！

紗希看著陷入思考的優羽，開心地詢問著，就像已經知道優羽的答案一樣。

「優羽，妳已經和 minio 變成好朋友了嗎？」

優羽看了自己的 minio 一眼。

minio 和平常一樣，只在優羽下命令時才會做事，優羽也一如往常地忘東忘西，手球比賽也有贏有輸。雖然不是每天都那麼美好。

但是優羽的 minio 在她詢問今天的攜帶物品時，可以提供答案，也能記住獎勵點數，還可以傳送通知給手球社的成員。

「嗯，我們相處的不錯吧？因為我…」

優羽靠在紗希的耳邊悄悄說道。

「有和魔法筆記本一起設計程式啊！」

NOTE BOOK

名詞解說

一起複習本書學到的程式設計用語吧（依注音排序）！參考頁數說明，就可以知道這些內容出現在哪裡喔！

名詞	頁數	說明
變數	77 頁	這是代表資料的名稱。 以「名稱＝資料」的形式，用＝左邊的名稱記住（代入）右邊的資料。
條件	93 頁	可以回答「真（符合）」或「假（不符合）」的敘述。
條件分歧	107 頁	這是根據條件真假，改變電腦執行動作的方法。
函數	190 頁	整合程式中的一組工作並命名。在程式中呼叫函數名稱，就會執行工作。
處理	42 頁	藉由電腦的能力執行的工作。
真假	107 頁	「符合」（真）與「不符合」（假）。
陣列	168 頁	這是指把分散的資料整合之後再加上順序的資料集。
重複	138 頁	這是命令電腦重複相同操作的方法，要一併寫出以下這兩個部分： ·「重複到何時為止」的條件 · 重複「執行什麼工作」的內容
傳回值	183 頁	這是函數傳給呼叫端程式的資料，當作自己完成工作的結果。
輸出	42 頁	想要的結果。
輸入	42 頁	這是電腦開始執行程式時需要的資料。
錯誤	168 頁	有問題，電腦無法順利執行的情況。例如，程式出錯等。
錯誤訊息	168 頁	由電腦提供找到出錯部分的線索。
引數	212 頁	這是讓函數變方便的程式工具。如果在函數執行的工作中，包含了每次呼叫時想更改執行方式的地方，可以在呼叫端設定決定該動作的資料。

結語（致各位大人）

學會如何設計程式之後，就可以把電腦的能力變成自己的力量。雖然這是一本理解程式設計思考方式的書，但是真正開始設計程式的起點是在實際面對電腦，讓電腦動起來的瞬間。不論是可以按照預期順利執行，或無法成功執行而煩惱地嘗試各種方法，你都能從設計程式的過程中，發現真正的樂趣。與電腦互動，整理問題，一點一滴累積解決方法的能力。

如果你看完這本書，想「實際動手設計程式！」卻不曉得從何著手的話，請瀏覽 https://magicalruby.net/starter[譯註]，一邊運用本書的內容，一邊實際體驗如何設計程式。

最後我要感謝初步完成這本書時，仔細閱讀並給予意見的 Uri、Kana、小澤羽子。還要感謝我的先生笹田耕一，他站在專業的立場提出意見，並且在我為了準備這本書而焦頭爛額時，無條件幫忙家事。另外，也非常謝謝以監修身分，從語言及視覺呈現「易讀性」的觀點來指導內容，和我一起討論結構的打浪文子，以及豐富故事性並盡量讓本書顯得淺顯易懂的鶴谷香央理。感謝在製作這本書時，所有盡力提供幫助的每個人。

2023 年 4 月　鳥井 雪

譯註　本網站為本書作者提供的相關資源，網頁內容以日文撰寫，建議讀者可自行以瀏覽器的翻譯功能來了解網站內容。

著者 **鳥井 雪**（とりい ゆき）

程式設計師，有兩個小孩的媽媽。翻譯作品包括 Linda Liukas《Hello Ruby》系列（翔詠社）、Reshma Saujani《Girls Who Code：Learn to Code and Change the World》（日經 BP 社）、Dave Thomas《Programming Elixir》（Ohmsha，與笹田耕一共同翻譯）等。在令和 5 年度版東京書籍五年級國語教科書中，刊登了關於程式設計的文章。以女性及程式設計初學者為對象的活動經驗豐富，包括擔任過 Rails Girls Tokyo 的教練和籌辦人，以程式設計初學者為對象的線上課程講師等。隸屬於萬葉（股）公司。

繪圖 **鶴谷 香央理**（つるたに かおり）

漫畫家。1982 年出生在富衫縣高岡市。2007 年以《おおきな台所》獲得第 52 屆千葉徹彌賞的準大賞，並以此作品正式出道。著作包括《春心萌動的老屋緣廊》（KADOKAWA）、《don't like this》（LEED）等。

監修 **打浪 文子**（うちなみ あやこ）

取得奈良女子大學研究所人類文化研究系博士後期課程修畢（博士：學術）。曾任日本國立殘障者復建中心殘障福利研究部流動研究員、淑德大學短期大學部兒童學系講師、副教授，現為一般社團法人 Slow communication 副理事長。著作包括《知的障害のある人たちと「ことば」─「わかりやすさ」と情報保障•合理的配慮》（生活書院）、共同著作《〈やさしい日本語〉と多文化共生》（CCP）等。在本書中，以語言及視覺表現「易讀性」的觀點，進行文稿審查。

優羽和程式設計魔法筆記本

作　　者：鳥井雪
譯　　者：吳嘉芳
企劃編輯：詹祐甯
文字編輯：江雅鈴
設計裝幀：張寶莉
發 行 人：廖文良

發 行 所：碁峰資訊股份有限公司
地　　址：台北市南港區三重路 66 號 7 樓之 6
電　　話：(02)2788-2408
傳　　真：(02)8192-4433
網　　站：www.gotop.com.tw
書　　號：A761
版　　次：2024 年 05 月初版
建議售價：NT$480

國家圖書館出版品預行編目資料

優羽和程式設計魔法筆記本 / 鳥井雪原著；吳嘉芳譯. -- 初版.
-- 臺北市：碁峰資訊, 2024.05
面；　公分
ISBN 978-626-324-799-4(平裝)
1.CST：電腦程式設計　2.CST：通俗作品
312.2　　113004183

Minio
Yuu
Saki
NOTE